平和ボケした日本人のための戦争論

長谷川慶太郎

ビジネス社

まえがき

平和ボケした日本の国民に贈る「戦争論」

第二次世界大戦が終わって間もなく七十周年を迎えることになった。この七十年間日本はついに一発の銃を発射することなく、また日本の国民のなかから戦争による死亡者、すなわち戦死者を一人も出さないで今日まで過ごすことができた。

これは極めて大きい成果である。このおかげで日本国民は世界一の長寿国となった。英国人は十九世紀に百年間かかって、平均寿命を三十歳代前半から六十歳代前半に、三十歳伸ばすことに成功した。ところがその後の二十世紀に入って百年間、これまた医療技術が進歩し、社会福祉制度を完備し、その他あらゆる条件を好転させたにもかかわらず英国人の平均寿命は十歳しか伸びていない。英国人にそのことを問うと、彼らは答えることができない。しかし、その答えははっきりしている。英国は二十世紀百年間に三度、大規模な戦争に加わり、いずれも戦勝国に終わったとはいえ、甚大な損害を被らざるを得なかったためである。日本の国民は一九四五年八月十五日、第二次世界大戦に敗北してから、明年で七十周年を迎えるに至ったその間、ついに一発の銃声も聞こえることなく、一人の戦死者も出さないで済んだからこそ、平均寿命が昭和二十年で男性平均二十三・九歳だったものを一挙に七十年後には七十九歳まで延長することに成功したのである。

率直な表現を使うならば、大規模な戦争に参戦することは、戦勝国であれ、敗戦国であれ、いずれにしてもその国民にとっては極めて重い負担を課するだけではない。それの具体的な表現が平均寿命の伸び方に反映すると言って間違いはない。

したがって、平和国家でなければ国民に長寿を保障することはできない。これは非常にはっきりした原則である。長寿国であろうとするならば、その国は平和国家でなければならないという二十世紀の歴史の残した原則の一つなのである。

二十世紀最後の大戦争だった「冷戦」をとってもそうである。一九九一年十二月、ついに冷戦は欧州方面で終了した。それも、東側陣営の完敗。冷戦を遂行した共産党の政権は崩壊し、それ以降ソ連邦は解体、消滅し、それがいまの後継国家ロシア連邦につながった。

その最後の最高責任者であったソ連共産党中央委員会書記長を務めたゴルバチョフは一九八五年、就任した当時驚かされたことがあると、彼の側近の一人が語っている。

具体的には、当時のソ連人の平均寿命が急速に縮まったという点である。一九八五年には、ソ連人の平均寿命が急速に縮まっただけではない。いわゆる「アルコール中毒死」の数が急増し、この年に八十万人を超えた。

ソ連人自身は北方で生活している民族だけにアルコールには強い。また、アルコール抜きの生活は存在しない。そのソ連で「アルコール中毒」の死亡者が八十万人に達したというのは、驚きの一語に尽きる現象であった。

これは事実である。それを教えてくれたのは、『ロンドンエコノミスト』の特集記事であった。これを知った筆者は、当時講師を務めていた防衛研究所一般課程の講義で採用した。講義が終わった後、聴講生のなかから質問が出た。

「いま、アルコール中毒の死亡者がソ連では八十万人に達したとおっしゃいましたが、それはどういう根拠に基づく数字でございましょうか」

筆者は答えた。「『ロンドンエコノミスト』の記事から引用した。ところであなたの現在の職は何ですか」

それに対する答えは、「私は防衛庁衛生課長であります」。本物の医者だったのである。それほどまでに強い関心を集めるに至った「アルコール中毒」死亡者の急増は、ゴルバチョフにも強い衝撃を与えた。

ゴルバチョフはその事実を理解したその瞬間から、「アルコール中毒退治」に全力をあげる決意を固めて実行し、自身一切、ウォトカを含めたすべてのアルコール飲料を口にしなくなった。それは決してアルコール飲料を好まない人物に変身したというわけではない。政治的な目的を達成するための自分自身の戒めとしたというのである。

そんな彼が日本を訪問したことがある。日本を訪問した際に、面会を期待していた日本の政治家は自民党幹事長を務めていた小沢一郎であった。彼は日本に行って、小沢一郎と会うことを何よりも楽しみにしていたという。だが、彼が東京に着いたとき、すでに小沢一郎は東京都知事選失敗の責めを負って、自民党幹事長の職を辞し、平の代議士に降格していた。

それを聞いてゴルバチョフは、「どうしてそういう重要な情報をモスクワを出発する前に俺の耳に入れなかった」と激怒したという。

彼の宿舎は当時の狸穴《まみあな》にあったソ連大使館であった。そこで彼は「ウォトカを持って来い」と言って、大きなコップに二杯、水も割らずに、氷も入れずに、そのまま立て続けにガブ飲みしたという。これはその場に居合わせた側近の一人がのちに筆者に語ったものであって、おそらく事実であろう。

それほどまでに強い衝撃をゴルバチョフは小沢一郎辞任のニュースに感じたということだ。やはり両者に相通ずる、なんらかの共通する因子があったに違いない。

そもそも「アルコール中毒死亡者」がソ連で広がった最大の理由は、ソ連の社会生活、経済生活を含めて、一般国民が完全な「閉塞状態《へいそく》」に陥り、先行き、将来についてまったく希望も、展望も開けないという厳しい状況に追い込まれたからに他ならない。

ゴルバチョフ書記長は自ら先頭を切って範を示した「アルコール中毒退治」の努力にもかかわらず、ソ連でのアルコール中毒の死亡者は相変わらず、決して少ない数字ではない。二十一世紀に入った今日においても、後継国家ロシア連邦では、アルコール中毒の死亡者は相変わらず年間五十万人に達していると伝えられる。

ソ連の国民にとって共産党一党独裁体制のもとにあっては、先行きに対する見通しが立たないというだけではない。憂さを晴らす手段はただ一つ、「ウォトカを煽《あお》る」ことしか存在しなかったのである。ほかに娯楽もない。となれば、アルコールに走らざるを得ないというのが、ソ連国民の一般の慣行であった。それだけソ連の社会生活が行き詰まっていた、閉塞感に満ち満ちていたと言って間違いはない。

ゴルバチョフが書記長に就任してアル中退治に取り組んだものの、ソ連の国民の平均寿命は毎年毎年縮まっていく。一九九一年、すなわちソ連邦が崩壊したその時点まで、ソ連人男性の平均寿命は実に六十五歳から急速に縮まって五十八歳になった。

この平均寿命の短縮はすなわちソ連邦が「冷戦」で敗北した端的な証拠なのである。

こうした現象がソ連の支配下にあった他の衛星諸国においても発生する。一九八六年～七年にかけて、当時の東ドイツ（ドイツ民主共和国）では、大量の若夫婦が乳呑児を連れて亡命するという現象が発生した。その理由ははっきりしている。

「インファント・モータリティー（infant mortality）」というのは、一歳以下の乳幼児の死亡率、これが西ドイツと東ドイツのあいだに二倍の開きができたのである。

当時西ドイツでは千人あたり九人から十人と言われていた。しかし東ドイツではその二倍、二十人近い乳幼児の死亡率があった。日本国においては逆に西ドイツの半分以下の水準、すなわち千人あたり四人ないし五人というレベルだった。それが日本国を世界一の長寿国家に変身させた大きな力の一つであったと言って間違いはない。

それを口コミで知った東ドイツの若夫婦は生まれた乳呑児に長生きを保障する唯一の手段は西ドイツへの「集団亡命」しかないという判断だった。国境を開いたハンガリー国境を通じて、大規模な亡命を西側に展開したのである。その結果、東ドイツは崩壊した。

筆者はいまも記憶しているけれど、一九八九年十月の半ば、筆者の友人であったゴルバチョフの側近の一人から国際電話をもらった。

その主旨は、「今日、クレンツ（当時の東ドイツ統一社会党書記長を務めていた最高責任者）がゴルバチョフに電話をかけてきた。その主旨は『ソ連軍の鉄道隊と衛生隊を、大規模に動員して東ドイツに送ってもらいたい。でないと、東ドイツはもたなくなった』、こういう内容なんだ。それに対するゴルバチョフの答えは『ニエット』」。すなわち拒否である。その瞬間に東ドイツの運命は決まったと言っていい。東ドイツはソ連にとって、第二次世界大戦で獲得した戦利品のなかで最大のものであった。例えばソ連は大戦後、急速に軍事技術の研究開発に努力し、その結果、一時期ではあったけれども米国を上回るだけの宇宙開発の技術を身につけることに成功した。それが有名な宇宙犬やガガーリン少佐の宇宙旅行である。

この発端は大陸間弾道弾と呼ばれていた大型のロケット開発のために、ナチス・ドイツのロケット技術研究センター、バルト海のペーネミュンデという島にあった研究所に働いていた技術者・研究者を家族もろとも全員ソ連に拉致《らち》し、研究開発に取り組ませたおかげである。

これは一種の「戦利品」とみなされた。東ドイツという地域をソ連軍が軍事占領し、そのもとで徹底して東ドイツに残るすべての資産を取り上げ、「戦利品」としてソ連本土に送ったのである。

それだけではない。ドイツは東西に分断されて、そのあいだで激しい「冷戦」が展開した。その「冷戦」に対して東ドイツの軍事的な潜在力を利用しようと一九五七年、一九四九年に建国したばかりの東ドイツは本格的な「再軍備」に乗り出す。

筆者は一九六八年、この「東ドイツ陸軍」の兵営を実際に訪問したことがある。おそらく日本人でそういう経験を持った人間は筆者以外には一人もいないと考えられる。おかげさまで筆者はそういう得難い経験を重ねてきた。

さて東ドイツの「再軍備」に当たって、陸軍は七個師団の編成となったが、それぞれの師団の周りには、各三個師団ずつのソ連軍が展開していた。いつ何どき東ドイツ軍がソ連に対して反乱を起こしたとしても、瞬間に三倍の兵力で包囲殲滅《せんめつ》するという体制をとっていた。

何も兵力の話だけではない。東ドイツは東ヨーロッパのなかでも最も先進的な工業国として優れた工業技術および生産施設を持っていたけれども、東ドイツに対してソ連が認めた軍需工場は二カ所しかない。

その一カ所が小銃と機関銃の修理工場であり、もう一カ所が小銃と機関銃の弾丸の製造工場なのであった。

したがって東ドイツの装備しているすべての重兵器、機関銃も、大砲も、戦車も、航空機も、艦艇も、ソ連が供与した。こういう徹底した制約を加えることで、東ドイツの「再軍備」の矛先が絶対にソ連に向かない体制をとっていたのである。

それは決して東ドイツ人民軍の幹部たちにとって快いことではない。先にあげた一九六八年、東ドイツの軍隊を訪問したときに、筆者はある師団司令部の全将校を前にして、スピーチを求められた。

そこで筆者はこういう話をした。「私たちのお祖父さんは、あなた方のお祖父さんから軍事を学んだ。その軍事を使って私たちのお祖父さんはロシアを破った」。これは日露戦争のことを述べたのであり、日露戦争の戦勝国であった日本国の国民の一人、継承者として筆者は語る資格があると考えたからである。

この筆者のスピーチはもちろん完璧《かんぺき》ではないにしても、ドイツ語で行った。それを聞いた司令部に勤務している百名を超える全将校が一斉に「足踏み」をして、歓迎・賛成の意を表したのである。

これはドイツの大学の学生が行う行動と同じである。ドイツの大学で教授の講義を聴いている最中に、みんなの琴線に触れる発言があったり、あるいはまた記述があったとするならば、その際、教授の講義を筆記するために両手がふさがっている学生は足踏みをして意志を表明するという習慣がある。それと同じことを東ドイツの将校が行った。

これは筆者にも強い印象を与えた。

二千万人、全人口の一〇パーセントという戦死者を出して獲得した大戦最大の「戦利品」である東ドイツを、ゴルバチョフは捨てたのである。その瞬間にベルリンの壁は崩れ、東ドイツは崩壊する運命を迎えることになる。

その直後、筆者は当時の海部俊樹首相と顔を合わすことがあった。筆者は彼のそばへにじり寄ってこう伝えた。

「総理、いよいよベルリンの壁が崩れます」。これに対する海部元首相の答えは「えっ」という嘆声一声であって、それ以外の言葉が出てこない。よほど強い衝撃を受けたに違いない。しかし、衝撃を受けただけでは困る。どう対応するかについては内閣総理大臣の肩にずしりとのしかかっている。それにもかかわらず、海部首相は日本国をリードする役割を演ずることのできない存在であることを、「えっ」という嘆声一声を通じて筆者に示してくれたのである。「なんという情けない首相を上にいただいているか」と筆者は本当に嘆いたものである。

こうしたことがいかに大きな意味を持ち、自国の安全保障について重大なことであるか。役立つ存在であったとしても、国家最高責任者は遠慮会釈なく、自国の利益に基づいて平然と「同盟国」を斬《き》り捨てる決断を下せるだけの能力の持ち主でなければならない。かつ決断力・決定権を握っている存在でなければならないと考えていただきたい。

この観点から、習近平の率いる一党独裁体制のもとにある中国共産党が、いつ何どき北朝鮮を斬り捨てなければならない事態が到来することを筆者は確信している。それだけ中国の直面している経済危機は深刻である。そこから抜け出る手段・方法を模索しても、見当たらないときには、北朝鮮の存在を可能にしている一連の経済支援、すなわち原油、無煙炭、穀物それぞれ五十万トンの「無償支援」を打ち切らないという保証はどこにもない。

習近平がゴルバチョフの前例に倣わないという保証はない。また同時に大事なことは、こうした重い犠牲を払ったとしても、ソ連邦は崩壊までにあと二年しか保つことはなかった。同様のことが中国にも当てはまると筆者は確信している。

現在、最も強い危機感を持ち、路線の転換に全力を掲げて取り組んでいるのが斬り捨てられる運命を迎えようとしている北朝鮮であることは、当然のことながら言うまでもない。

金正恩《キムジョンウン》第一書記は、まず韓国にアプローチしている。さらに日本とも何らかの交渉の道を開き、何としても日本から経済支援を獲得することによって対応しようと考え、努力していることは疑いの余地がない。

金正恩は自らが習近平の犠牲に供せられて、経済的支援を完全に打ち切られたとするならば、あとは自力で政権を存続させるためにも、韓国と背後にいる日本との関係を改善する以外に手段・方法はないことを理解している。そのために全力を挙げて路線の転換をなし崩し的に進めつつあると考えて間違いはない。

国際政治とは、こういう「力と力との絡み合い」で成り立っている。

軍事とはこの「力」の一部を構成する要素とはいえ、これを抜きにして「国際政治」の真相に迫ることなど夢物語に終わらざるを得ないと理解していただきたい。それは現実にいま、日本の眼前で展開していると判断して間違いはない。

「軍事」とはたしかに国力の一部を構成する「力」の一部に過ぎないが、その「力」を判断する場合、何としても「軍事」に対する正確な理解と認識を持たずには不可能であることを絶対に理解していただきたいと筆者は考えている。だからこそ今回、この著作を世に問うことにしたのである。

「平和ボケ」の原因

日本は第二次世界大戦が終わるまで世界の軍事大国の一つであった。少なくとも一九二〇年代、すなわち第一次世界大戦の終わったのち、日本は世界の三大強国、米国・英国と並ぶ三大海軍国の一つとして、太平洋で米国海軍とその支配権をめぐって対立する関係にあった。徹底した「海軍軍拡競争」が展開され、あまりに重い経済的な、財政的な負担に耐えかねてついに一九二二年、ワシントン条約が結ばれた。日米英の三国の海軍の主力であった戦艦の保有量を、それぞれ国際条約によって規制する新しい体制ができあがった。それを支えたのは一九一九年に調印されたヴェルサイユ条約である。

その結果、日本では軍需産業が火の消えたような窮境に追い込まれた。それは事実で、例えばその当時日本最大の造船企業であった三菱重工業（その当時は三菱造船と称していた）は果たして経営が成り立つか成り立たないかを巡って、極めて厳しい危機感に溢《あふ》れていた。

その記憶は長く引き継がれて今日に至っている。筆者は一九七四年つまり第一次石油ショックの翌年に三菱重工業のトップにインタビューすべく、本社を訪問しそこで筆頭副社長であった松田氏と会談することができた。その際の筆者の第一問はこうだ。

「三菱重工業は潰《つぶ》れますか」。それを筆頭副社長に向かってぶつけたのである。ところが反発を予想していた筆者の予想とはまったく違って彼はこう答えた。「世のなかに私と同じ考えの持ち主が二人いるということを発見して、こんなに面白いことはない」。

彼はそのあとこう述べた。「僕は実は真剣に三菱重工は潰れる危機に直面していると考えている。役員会のたびに、経営会議のたびに、すべての会議に出るたびに繰り返し主張しているんだが、誰一人として同調する奴がいない」。

そして、どうしてその判断に至ったかについて、詳細に理由を述べ始めた。それは一時間に及んだ。一時間の約束のインタビューであって、それだけで予定時刻は終わってしまった。

筆者はこう述べた。「私の質問する時間がまったくありませんね。どうしましょうか」。時間が超過するほど長口上を述べたことに気が付いた彼は、同席していた秘書部長に対し、こう命令した。「僕の予定を一時間先に繰り延べだ。秘書室に行って、関係の部署に全部、そういう連絡を出せ」。

こうして筆頭副社長だった松田氏と胸襟《きょうきん》を開く関係を結ぶことに成功し、それこそ本当に重要なニュースソースの一つとして長いあいだお付き合いをすることが許されたのである。

実際にワシントン条約の直後、三菱造船は、主力造船所であった長崎造船所の建造船台の上にあった建造中の戦艦を解体させられた。また別の戦艦は工事の中途で海軍に引き渡され、艦砲射撃の標的として使われて海に沈められたこともある。もちろん新規の注文などありはしない。

こういうなかで三菱造船はどのようなやり方を講ずればなんとか切り抜けられるか、それこそ必死にあがきにあがいたのである。同じことが石油ショックの直後にも起こり得ると筆頭副社長の松田氏は予測し、対応するための方策を徹底して遂行すべく、全社に対してそれこそ本当に血の出るような思いで号令を発し続けたと言って間違いはない。

この松田副社長という人物は造船屋である。しかも英国の造船学会から戦前戦後を通じてゴールデン・メダルを授与された二人の日本人のうちの一人である。一人は戦前の日本海軍の造船の神様と言われた「平賀譲」博士であり、戦後は彼がこのゴールデン・メダルを受け取った。

その理由ははっきりしている。筆者は質問したことがある。「ゴールデン・メダルを英国の造船学会からもらわれたそうですが、それは何が理由でしょうか」。対する答えはこうだ。「僕が初めて『マンモスタンカー』の設計に成功したからだよ」。

なるほどそのとおりである。世界の造船業界であるだけではない、エネルギー市場でも極めて大きな新しい革命をもたらしたのがこの「マンモスタンカー」なのに、その最初の設計者が松田副社長であったことは筆者も知らなかった。しかもそれは大きな評価を下すべき大事件、大成功であった。これによって世界の石油市場の構造が変わったのである。

こういう人物が率いているにもかかわらず、三菱重工業はなかなか再建ができなかった。今日においてもなかなかうまくいっていない。

その後、松田副社長にこういう質問をしたことがある。

「三菱重工業は『武器輸出禁止三原則』に賛成ですか、反対ですか」

その答えはこうだ。「賛成です。三菱重工業のなかで防衛生産は売り上げの何パーセントを占めているかご存知ですか。三パーセントですよ。九七パーセントは平和的商品なんです。もし『武器輸出禁止三原則』がなかったら、例えばイラン・イラク戦争でどちらかに武器を売ることになるでしょう。相手方が我が社の製品を買うでしょうか。そんなことはあり得ない。しかし、『武器輸出禁止三原則』を我が社は忠実に守り、それを尊重しているがゆえに、このイラン・イラク戦争の最中に、両国に対して同じように火力発電所を契約することができました」。

極めて明快な、合理的な経営方針であると言って間違いはない。こういう人物が、ついに三菱重工業のトップに立たなかったということは極めて遺憾なことである。また同時に、そこに三菱重工業の企業として持っている制約があると筆者は考えている。余談のようだけれども、これが実は戦後日本の「平和ボケ」をもたらした要因の一つなのである。

日本は戦前、世界三大海軍国の一つとして、世界の海軍のなかで覇を唱えるだけの資格を持っていたと申し上げた。もちろんそれは自国で大型戦艦を建造する能力を発揮できる力を持っていたからに他ならない。他の国、例えばドイツにせよ、イタリアにせよ、とてもではないが、海軍の力が弱いだけではない。いわゆる超弩級《ちょうどきゅう》と言われた三万トンクラスの大型戦艦の建造能力を持ち合わせていなかった。日本だけが英国・米国と並んで世界で大型戦艦を建造する能力を発揮し、現に建造を続けたのである。

日本の軍国主義を支える柱の一本がそこに存在したと言って間違いはない。と同時に、その帝国海軍を日本国民はどんなに誇りと考えていたか。どんなに立派な成果として崇めていたか。これはよく知られた事実である。筆者は戦争が終わった年、すなわち昭和二十年に旧制中学を卒業し、当時の旧制高校の入学試験に合格した経験の持ち主だから、戦前の一般社会で軍人がどのように高く評価され、かつ崇められていたか、そして青少年のいうなれば世に出るための手段の一つとして大きくクローズアップされていたか、ということを知悉《ちしつ》している。

同時に大戦が始まってからは、それこそ文字通りの「国家総力戦」を遂行するために軍人の地位は高まっただけではない。すべての分野にわたって、まず戦争に勝つという目的のために投入され、犠牲に供されたのである。国民の生活もその例外ではない。

したがって日本国民の平均寿命は戦争の趨勢《すうせい》が悪化するにつれてどんどん縮まっていく。本格的な戦争の始まらない昭和十一年（一九三六年）当時、日本の男性の平均寿命は五十三・四歳であった。それが戦争に負けた昭和二十年には、二十三・九歳になっていた。

そのころ「人生五十年、軍人半額」という表現があった。軍人は尊重されて、電車に乗るにも、映画館に入るにも、料金全部が子供並みの半額だった。ついでに命のほうも人生五十年ならその半額だ、二十五年で死ぬ覚悟をしろという主旨である。

しかし人口統計は冷酷なもので、この「人生五十年、軍人半額」よりも短い平均寿命しか日本の国民に与えていなかったのである。

したがって敗戦国では当然のことながら、こういう無謀な戦争をあえて断行した政治家に対するすさまじい反発が起こる。

二十世紀の歴史の教訓の一つは大規模な戦争が始まった場合、敗戦国においては必ず政治体制が変更するということを意味する。

これは二十世紀の歴史の遺した教訓の一つである。第一次大戦、第二次大戦、冷たい戦争、いずれも例外はない。したがってもし「冷戦」が終結したと確認するとするならば、「冷戦」

を開始した共産党一党独裁体制が解体、崩壊、消滅しなければならない。逆にいえば共産党の一党独裁体制が存続する限りにおいて、その地域では「冷戦」が続いていると考えなければならないのである。

不思議なことに日本では政治学者であれ、歴史学者であれ、この重大な大原則について言及する人が一人もいない。まことに遺憾の極みである。それがまた日本国民の歴史認識を甘くし、その結果、周辺諸国との関係も著しく悪化させる要因の種を作っているのではないかと筆者は考えている。

だが本当に大事なことは、それだけ大きな打撃を与え、また大きな困難に直面し、国民生活を破滅の淵にまで追い込んだ責任を権力を握っていた軍部に求めたことである。とくに陸軍の指導者に対して、国民が強く反発したのは言うまでもない。また当然である。その産物が昭和二十一年制定された「昭和憲法」であった。

だが「昭和憲法」が平和憲法であるには、周辺諸国の国民が日本国民に対して、日本国の善意と良識を信頼して、日本国家に対して無謀な侵略戦争を試みないという前提条件が存在する。

いくら日本国が平和国を自称したとしても、それは単なる自称であって、周辺諸国の理解のうえに、その原則が認識されない限りは何の効力も持たない。単なる「空論」に終わる。

すでに述べたとおり国際社会とは、はっきり言って「力と力の絡み合い」の産物である。自国を徹底して守り抜くだけの防衛力を備えなければ、その国の国際社会における存在価値はゼロとなってしまう。ないしは、逆に侵略されても当然とみなされると言っても間違いはない。これは非常に深刻な問題で、誰もが常識として認識しなければならない。その際にその「力」を構成する重要な要因が、繰り返すが「軍事」なのである。

戦争に敗北し、日本国民の生活を本当に崩壊寸前まで追い込む役割を軍部が演じたという反発に乗じて、すべての「軍事」についての関心を失ってしまった。また「軍事」を否定することが「平和国家」の実態であるという誤った認識に立って行動する習慣がいつの間にかできあがってしまった。

これは同じ敗戦国であるドイツとの対比において極めて大きな違いである。そこでドイツの実例をあげてみたい。

ドイツの先例

日本も一九五〇年、警察予備隊という名目で「再軍備」に乗り出した。その年の六月、北朝鮮が韓国を攻撃するという「朝鮮動乱」が始まった。その瞬間、世界は「冷戦」がいつ何どき「熱い戦争」に転化するかもしれないと恐怖におののいた。

大戦が終わって以後、軍備の縮小、あるいは軍隊の復員が当然とされてきた国際情勢が一変して、本格的な軍備拡張が始まった。さらに敗戦国ですら「再軍備」がテーマになったのである。

西ドイツは日本よりもいくらか遅れて一九五六年、ドイツ連邦共和国の基本法を改正して、「再軍備」に乗り出した。

そして本格的な「再軍備」が開始され、東西ドイツのあいだでの軍拡競争という形で展開したことはご存知のとおりである。西ドイツの場合は、当時の首相アデナウアーがドイツ国防軍の伝統を「ドイツ連邦軍」に継承させる努力を払ったという点が重要である。

一九五七年（再軍備の翌年）、「ドイツ連邦軍」幹部の最高教育機関としての「ブンデスヴェーア・アカデミー」が開設された。日本では警察予備隊が今度は防衛隊に変わって同じように「防衛研修所」という学校が建設され、最高幹部養成が行われることになった。

ただし日本の当時の政権担当者であった吉田茂首相が警察予備隊、防衛隊、自衛隊に戦前の日本陸海軍の幹部であった陸軍士官学校・海軍兵学校の卒業生は一人も採用しないという方針を堅持した。したがって世界大戦前の日本のすべての軍事の伝統は、今日まで自衛隊に継承されていない。

ドイツではその逆をやった。一九五七年の「ブンデスヴェーア・アカデミー」の開校に当たって採用した学生は一九四四年～四五年、すなわち大戦末期、ドイツ国防軍の参謀将校短期養成課程第十六期、第十七期に参加した将校に限定したのである。人的な面でドイツ国防軍の伝統をアデナウアーは「連邦軍」に継承させることに努力をしたのである。

それだけではない。同じ一九五七年、アデナウアーは「勲章佩用法《はいよう》」という法律を制定し、第二次世界大戦中にドイツ国防軍の将兵に与えられたすべての勲章の佩用を認めた。鉄十字章がドイツで有名な勲章だが、その上に騎士十字章というものがある。その他たくさんの種類があった勲章のうち、ナチスの紋章である鷲《わし》とハーケンクロイツを除いたものを全部そのまま正規に佩用することを認めたのである。

そのための特別な法律が「勲章佩用法」である。筆者はもちろんこれらの事実についてはドイツ語の文献で正式に正確に掌握している。決して絵空ごとを言っているのではない。

その結果、「再軍備」された西ドイツではかつての指揮官が相次いで入隊し、幹部の役割を果たすことになる。「砂漠の狐」として名の通ったロンメル元帥のもとで参謀長を務めていたハンス・シュパイデルという陸軍中将がいる。彼は再びドイツ国防軍に参加して、高級指揮官の地位に就き、最終的にはドイツも加わって結成されたNATO（北大西洋条約機構）の地上部隊の最高指揮官、最高司令官を務めた。彼のもとでフランス軍、イタリア軍、その他NATOに加盟している国の軍隊は、指揮に服することになったのである。これがドイツ国防軍の伝統を維持し、継承するというアデナウアー政権の軍事政策の具体的な成果の一つとあげて間違いはなかろう。

こういったアデナウアーの姿勢は同時に、大戦中のドイツ国防軍将校の知的レベルの高さの反映でもある。

第二次世界大戦が終わった後、ドイツでは「指揮官の回想録」が本当に大量に発行された。筆者もそのすべてではないが、例えばハインツ・グデーリアン、あるいはエーリッヒ・フォン・マンシュタインといった著名な高級指揮官の回想録は翻訳だけはなく、原文を取り寄せて手元に置いている。

それは全部自分で口述、あるいは実際にタイプをたたいたもので、第三者の参謀将校たちが書き上げたものに名義だけ貸したのではない。

ドイツの軍人は本当に高い知的レベルを持っている。指揮する部下に対して文章を作成し、明確な、簡明な表現で部下に伝えるための努力を必要とすることを十分承知していた。そのためのある程度文学的な素養も身につけるべく教育を受けているのである。

それだけではない。ドイツ国防軍の指揮官たちは口述で十分正確に自分の意思を、また自分の判断を表現できる能力を持ち合わせている。それも決して昨日今日の産物ではない。正確にはちょうど一九一〇年ごろ、すなわち第一次世界大戦以前の話である。当時のドイツ陸軍の高級将校は機動演習が終了後、参加した将校を集めて統裁官が講評を行う。その情景を日本陸軍の将校が見学して「感に打たれた」と書いている。

正確には明治四十一年に書かれた「欧州諸強国の騎兵の教育」と題するガリ版刷りの厚いレポートが筆者の手元にある。そのなかで三好一《はじめ》騎兵少佐（のちに中将に昇進した人物）がこう書いている。「機動演習が終了した後、統裁官は草稿をも携うることなく、自ら親しく詳細に、かつ正確に講評を下す。その姿には感に打たれたり」。その当時からドイツの将校は演習の講評を行う場合、原稿を携えることなく、文章としてきちんと正確な話をする能力を持ち合わせていたのである。

これに着想を得て筆者はかつて陸上自衛隊幹部学校の校長に聞いたことがある。「いまの自衛隊では演習の講評を行うのに、原稿を作ってからやるんですか」。校長は答えた。「そうですよ。それ以外に方法があるんですか」。筆者はさらに質問した。「『ドイツでは第一次世界大戦以前から大規模な演習の後の統裁官は必ず原稿を携えることなく詳細に親しく演習の状況について講評を下す』と戦前のレポートに書いた帝国陸軍の将校がおります」。校長曰く、「そうですか。そんなことがあったんですか。我が陸軍は陸上自衛隊を含めてでありますが、それだけの芸当のできる能力を持った指揮官がおりません。残念です」。このやり取りを通じてもわかるとおり、日本陸軍の高級指揮官を務めるべき高級将校の知的レベルは極めて低かった。まことに遺憾なことである。したがって戦争には負けるべくして負けてしまったのだと筆者は考えている。この程度の知的能力しか持たない指揮官が大部隊を指揮して、果たして立派な成果をあげることができるだろうか。同様のことが筆者に焼き付けられたがゆえに筆者は今日においても、この原稿もそうだが、一切原稿など作成していない。自分で述べたことがそのまま文章になるはずだし、またならなければおかしいという確信のもとに口述を続けている。

こうした知的レベルの違いが、逆に「国家総力戦」のもとにおいて、もうすさまじいまでの「軍部の幹部優先」の政治を行わせる最大の要因になったと言わざるを得ない。

これも一例をあげるならば、第二次世界大戦中のドイツではギムナジウム、日本風にいえば中高一貫教育を行う学校の高校に属する学生は相次いでドイツ空軍に「補助員」という名目で動員された。実際に高射砲の陣地について、襲ってくる米英両軍の戦略爆撃機に対して防戦を行った。

それは大規模な学徒動員の一つと考えて間違いない。そのなかの一人が先に引退したローマ法王であった。彼は一九二七年生まれでギムナジウムに属し、そこで空軍の補助員として動員され、大戦中は防空戦闘に従事した。

正規の軍隊・軍人ではないにもかかわらず、政府の命令で軍隊に一時的に召集されたわけである。そこで軍務に服しているこうした学生諸君に対し、ドイツ軍は正規の兵隊よりもたくさんの食糧を供与したのが面白い。

実際にそれを書いた書物がある。それによると一般の兵士が一日七百五十グラムの黒パンを供与されていたのに対し、補助員として動員された青年たちに対するパンの配給はプラス五十グラムの白パンを供与された。つまり量全体が八百グラムになっただけではない。そのなかの五十グラムが白パンを供与されたのである。白パンと黒パンでは味が違うことは言うまでもない。さらに生徒一人当たり一日二百五十ミリリットルのミルクを供与された。したがって生徒の配属を受けた部隊では、これを利用して牛乳スープを作って兵隊に配ったという。

そのおかげでこうした「補助員」が配属されることを空軍の兵士は大歓迎した。お裾分《すそわ》けにあずかれるからである。これは大変な配慮と言ってよい。またそれだけの配慮をし、待遇を良くしなければいけないという判断で、ドイツ空軍の首脳部は軍事行政を行った。

こういう発想は日本の陸海軍には存在しなかった。大きい違いがそこに存在していたといって間違いはない。正規の徴兵年齢に達しない生徒を軍隊に召集して、軍務に服させる限りは一般の兵隊よりも待遇を良くしなければならない。この合理的な発想がドイツ空軍の高級指揮官に現に存在していたからこそ、食糧の配給量と質において違いを作り出したのだ。

加えて言うならばドイツ国軍は大変大きな戦果をあげた。第二次世界大戦中のドイツ国防軍は陸海空すべてを通じて、三百六十万の戦死者を出した。これはソ連軍の戦死者二千万と比べると大きな「格差」が存在することを意味する。ドイツ軍の指揮官は最小限度の損害で最大限の戦果をあげるべく全力をあげて努力し、成功することがすなわち高級指揮官としての資格であると認識していた。

それに対するソ連軍の指揮官はスターリンの命令を遂行することが第一義であって、それに伴ってどれほどの戦死者を出し、負傷者を出し、自軍に損害が生じたとしても問うところではない。その「格差」がこの戦死者の大きな違いとなって現われた。

共産党一党独裁体制の本質が端的に現われていたのである。しかし結果的に、第二次世界大戦は共産党一党独裁体制のほうがナチの独裁よりもはるかに有効に、適切に、効果的に戦争を遂行させる政治体制としての特色を発揮したと言っても間違いはない。

こういう事実について正確な認識を日本の国民は持たなければならない。同じ「学徒動員」でも米軍の場合、例えば海軍の予備士官の教育を開始したのは一九二二年、すなわち第一次大戦の終わった直後である。六つの大学にそれぞれ一大学八百名ずつ、六大学合計して四千八百名の予備士官を養成するための組織を作った。これがROTC（予備役将校訓練団）と称する予備役将校を養成するための組織である。この四千八百名という数字はどんなに大きなものであるか。日本海軍が初めて一般の兵科の予備学生を採用したのは、戦争が始まった昭和十七年一月のことである。その際、何人を採用したか。たった三百五十名に過ぎない。桁《けた》一つ違っているのではないかと思われるかもしれない。しかしそれは事実なのである。

実際に海軍のROTCを実施している大学の一つにハーバード大学がある。ハーバード大学で教鞭《きょうべん》を執った経験をお持ちの竹中平蔵氏が筆者にこう語ったことがある。

「大学に『ROTCに入って世界一周航海に出よう』というスローガンのポスターがかかっていましたよ。そして学生課へ行って、そういうものに志願できるかということを訊《き》いたら、担当者がこう答えました。『それは竹中先生が日本国籍を捨てて米国国籍をお取りになってからにしてください』」。現実には外国人の留学生であっても、ROTCに参加することは認められている。米国という国は面白い国で、アメリカ合衆国憲法にはいくつもの軍事条項がある。

その一つに、アメリカ合衆国においては淡水であれ、海水であれ、すべて水にかかわる行政業務は「連邦軍工兵隊」が担当するというものがある。これは実話である。

例えば先般カトリーナ台風（二〇〇五年）がルイジアナ州を襲ってその結果、ミシシッピ川の河口にあったニューオーリンズが浸水して大被害が生じた。そのときに破壊されたミシシッピ川堤防の復旧工事を担当したのはアメリカ陸軍工兵隊で、一般の国土省ではない。しかもこの条項は十三州からなる合衆国が成立した一七八三年、同年に制定された憲法の条項に載っているのである。その点が日本と大きく違うことがご理解いただけるであろう。最近に至って水に関する行政を一本化するということで日本の安倍政権は非常な努力を払って新しい役所を作ることになった。アメリカ合衆国では、実はそれは二百年以上前、建国当時の憲法に制定されているシステムなのだ。遅ればせながら日本国も導入せざるを得ない状況が生まれたと考えて間違いはない。

それだけではない。アメリカ合衆国の国防に忠誠を誓って入隊を希望する青年はアメリカ国籍の有無を問わない。アメリカ合衆国の陸軍・海軍・空軍・海兵隊に志願する青年は、アメリカ国籍を持たなくてもいいのである。

これは驚くべきというよりも、恐ろしいまでにアメリカ軍の盛況さをもたらす要因の一つとなった。例えば先般のイラク戦争で一時期三十二万に達した米軍がイラクで戦っていたけれども、そのうち二八パーセントは実はアメリカ国籍を持たない青年で占められていた。

ニューヨーク五番街の角にアメリカ陸軍の募兵事務所がある。そこへ青年が一人出頭してきて、こう申し出たとする。「私はただいま密入国してここへ参りました。アメリカ陸軍に入隊を志願します」。

その青年に対して募兵事務所の担当官は身体検査を受けるよう命令し、合格すれば即座にアメリカ陸軍への入隊を認めるのである。

これは実話を言っているのであって、決して絵空ごとを申し上げているのではない。その結果、イラクに派遣された三十二万人の米兵のうち二八パーセント、つまり三人に一人は実は外国籍の青年で占められていたという面白い事態が発生した。しかも彼らは絶対に脱走しない。その理由ははっきりしている。

米国陸軍・海軍・空軍・海兵隊に四年勤務していわゆる「名誉除隊」、任務を全うして除隊するという軍人に対して、アメリカ連邦政府は「グリーンカード」（居住許可）を出す。さらに続けて四年、軍隊に勤務することを志願した青年が「名誉除隊」するときには、今度はアメリカ合衆国の市民たるアメリカ国籍を与えるための試験への受験資格を認めているのである。

こうした恩恵に浴そうと考えてアメリカへ入国して来る中南米出身の青年は絶対に「脱走」してその特権を放棄しようとしない。したがって外国籍の米兵は絶対に脱走しない。するわけがない。こういうことを述べると、ベトナム戦争の経験でアメリカ兵が大量に脱走して、士気が低下したときの経験を再びイラク戦争で繰り返すのではないかなどと、むなしい期待を寄せることがどんなにバカげているかが、極めて明瞭《めいりよう》になるに違いない。

軍事とはこういうシステムなのである。したがって軍事を勉強するとは、単に戦争を勉強するということだけに留まらない。軍隊をどのようにして組織し、どのようにして運営していくか、どういうやり方で兵隊を募集し、幹部の志願者を集めていくか（徴集業務）などの軍事行政の重要な原則について勉強すること。さらに集めた兵隊と幹部をどういう方針で教育し、訓練し、どういう装備を与えるかについての検討を行う装備行政についての勉強、またその装備に必要な軍需品、すなわち兵器弾薬、あらゆる近代的な兵器そのものに対する生産とその背景にある技術についての勉強。こういった非常に広い範囲に及ぶ知識の集まりを体系的に組織し、理解していくことこそが軍事教育なのである。

米国には先にあげたＲＯＴＣという予備役将校を養成する組織がある。年間平均して米国陸軍の場合、十八万から二十万の将校を任命する。そのうち正規の士官学校であるウェストポイントの陸軍士官学校を卒業した候補生は六百人。あとのほとんどすべて全員がＲＯＴＣの出身者である。出身がどうであっても軍隊に入った以上、実績をあげて行けば、必ず最高の地位まで到達することができる。つまり昇進に学歴による差別がない。極端な例をあげるならば、一九九一年湾岸戦争時の現地軍最高司令官であったシュワルツコフ大将はウェストポイント士官学校出身の正規将校だった。しかしそのシュワルツコフに指令を出し、基本的な戦略を提示する役割、すなわち参謀総長の役割を演じていたのは、ニューヨーク市立大学のＲＯＴＣを卒業後、陸軍に採用された民間出身者コリン・パウエルであった。しかも彼はシュワルツコフよりも位が高く、大統領に近い位置にあった。のちに彼は国務長官を務めるほど、行政能力と政治能力にもたけた人物と言って間違いはない。

こういうやり方を平気でするのである。また、それができる国。それがアメリカと言って間違いはない。第二次大戦中をとってもそうである。たしかにマッカーサーはウェストポイントの士官学校を開校以来の優秀な成績で卒業したエリート中のエリートと言われた人物であった。しかも彼は非常に若い時点でフィリピンに来て日本軍と戦うはるか二十年以上も前に、参謀総長の役割を演じている。そこで徹底してアメリカ陸軍の近代化に努力し、成功した人物と言って間違いはない。

こうした方法を具体的に法律化し、制度化し、運営することに成功した根源は一九二二年の「国防法」という法律にあった。

第一次大戦で米軍は極めて短期間に大規模な兵力を整備し、動員することができたのに、それを運用し、有効に戦闘を持続するために必要不可欠な高級指揮官を養成することに失敗した。

第一次世界大戦中の米軍は全体で三百八十万という大規模な兵力を持ちながら、第一線の戦闘ではフランス軍・英国軍から将校・下士官の支援とアドバイスを受けながらドイツ軍と戦う始末だった。

いくら図体が大きくてもその中身がないのである。これでは近代的な戦闘は不可能という判断に立って、第一次大戦が終わったあと米国陸軍は徹底した近代化に努力をする。その教訓の一つがＲＯＴＣの制定と具体的な運用であった。

第一次世界大戦の戦訓を学び取り、具体的な制度の改革として結実させた努力、それが第二次世界大戦の日本軍に対する圧倒的な優位をもたらす最大の要因であったと言って間違いはない。

これは陸軍・海軍とも共通している。米国海軍の予備士官の養成が第一次世界大戦後、すでに年間四千八百名の規模だったのに対し、日本海軍はその必要に目覚めて、行動するためにそれから実に二十年以上の時間が必要であった。しかも具体的に実現するためには、第二次世界大戦の開戦を待たなければならなかったのである。

こういう事態が実際にどういう結果を産んでいるか、あらためて指摘する必要はないだろう。しかも第二次世界大戦で敗北した日本陸軍・海軍の、とくにその運営の責任者であった高級幹部は知的能力において極めて低い。それだけではない。彼らは絶対に第三者の「批判」を許そうとしなかった。いわゆる民間の「軍事評論家」という商売はついに日本では第二次世界大戦が終了するまで絶対に存在が許されなかった。

海軍で大佐まで勤務した水野広徳という人物がいる。海軍を退役した後、彼は「軍事評論家」としての職業を得ようと努力し、いくつかの著作を出している。しかし水野大佐の主張に対し、海軍の首脳は極めて冷淡であって、一切受け付けなかったという記録が残っている。民間の批判を許さない存在、そして民間から孤立している組織がどういう結果を生むかというと、自らの利害には敏感なくせに、一般社会の要請に対してはまことに鈍感な非合理的集団を形成する。

ドイツの場合は第一次大戦で敗北し、ヴェルサイユ条約によって陸軍の規模が十万人、開戦前の八分の一に縮小することを命じられた。海軍も同じである。そのなかでドイツ陸軍の再建に全力をあげて取り組んだのが、有名なフォン・ゼークトという人物である。彼は『一軍人の思想』と題する著作を出している。戦前の岩波新書にその翻訳が含まれていた。

彼は第一次世界大戦中、大変な戦績をあげる有能な指揮官であった。参謀将校でもあった。しかし彼が大戦後にやった最初の仕事は、ヴェルサイユ条約に参加せず、同条約に敵対的な関係にあったソ連との軍事協力であった。これは有名な史実である。一九二二年、イタリアのラパッロという村落でドイツ陸軍の代表はソ連陸軍の代表と秘密の軍事協定を結んだ。ヴェルサイユ条約でドイツ軍に禁じられた戦車・航空機・化学兵器の研究開発をソ連で行うことを認め、その教育訓練をソ連が担当するということも協定したのである。

もちろんそれによってソ連は自らの低い軍事技術を改革し向上させるために絶好の機会を摑《つか》むことができた。ドイツはそういった軍事技術をソ連に供与する一方、条約で固く禁じられている一連の訓練、戦車・航空機・毒ガスの訓練をソ連の演習場で行うことを認められた。こうしてソ連は数十人、数百人の専門家を養成することに成功し、第二次世界大戦の勝利に結びつけたのである。

フォン・ゼークトは機動的な、柔軟な発想の持ち主であった。かつての敵国、しかも共産党一党独裁体制を世界的に広げようと考えているソ連邦の軍部と提携し、軍事技術の供与を行う一方で、ドイツ軍将校の教育を確保するために全力をあげて努力する。そのチャンスを見つけたというところ、これがフォン・ゼークトの逞《たくま》しさ、判断力と同時に決断力の強さを端的に示していると言って間違いはない。

それだけではない。ドイツ海軍の潜水艦の技術者は全部オランダに移転した。オランダに造船所を作って潜水艦を建造したのである。これはドイツで建造するのではないからヴェルサイユ条約に違反する行動ではない。オランダは同条約に加盟していない。当然である。第一次世界大戦で、オランダは中立国だったからである。したがって制約を受けない。その間隙《かんげき》を利用してドイツ海軍の潜水艦の技術者はオランダで造船所を建設し、その造船所でドイツ型潜水艦の建造を続けてきた。それがまた第二次世界大戦直前の再軍備にどれほど大きなプラスになったか、言うまでもない。

日本の陸軍、海軍はそうした戦法を講じるだけの、また同時に広い視野に立っての大胆な行動を行うだけの決断力と情勢の分析力、さらにどのようにすれば条約の規定に合致し、尊重しながら遂行できるかなどのテクニカルな側面の十分な知識と組織的行動力を発揮することなど夢物語に等しかった。

こういった意味で軍事を勉強することは、決して戦争遂行の歴史を勉強すればいいのではない。戦争遂行の歴史、言うなれば「戦史」と呼ばれている軍事科学の一部分を形成するに過ぎない。それを理解するためにもはっきり言って、先にあげたような多面的な知識と同時に情報を収集しなければならない。

筆者はよく言うことだが、「カネと情報はあるところに集まってくる」。言い換えれば、「カネと情報はないところには来ない」のである。どのような努力を重ねたとしても、まずカネを作ろうとするならば、つまり資産を作ろうとするならば、元金をそれこそ爪に火を灯す思いで貯めなければいけない。それを元金にしてうまく利用する以外に、資産の形成する方法など存在しない。同様のことが情報にも言える。情報を集めようとするならば、まず知識を、少なくとも正確な情報を集めるにはどういう方法を採るべきかのノウハウを身につける努力が必要である。それを身につかない人などに、情報は絶対に来ないと覚悟しなければならない。

人間社会というのは、その意味で極めて冷厳な存在である。そうした原則を無視した行動で選ぼうとしても詮無《せんな》いことであって、何の成果も生まないどころか、すべてが無駄骨に終わると考えて間違いはない。

軍事の勉強についても同様である。日本の国民は七十年間「平和ボケ」で過ごすことができた。しかしそれがいよいよ、そうはいかない極めて厳しい「危機」が日本の周辺で発生している。その「危機」を乗り越えるのに日本国は役割を果たしていない。ある意味では日本国を取り巻く国際環境のなかに自然に生まれてきた危機である。その変化が日本国をとりまく国際情勢を激変させる原動力として、日本国民に強い力で襲いかかっていると考えて間違いはない。

その「危機」は、決して単純なものではない。また同時に、複雑なジグザグな動きを示すだけに、その本質を見抜いてそれにどう対応するかについての明快な行動指針を見出す。それが「軍事」を勉強する際の結論、有効性のポイントと考えて間違いはない。

筆者はいまでも思い出す。一九九一年一月十七日、「湾岸戦争」が始まった日、当時出演していたテレビ朝日の「やじうまワイド」の番組の冒頭の挨拶《あいさつ》でこう述べた。「今日戦争が始まります」。まだその当時湾岸戦争が始まったという情報はなかった。しかし筆者はテレビの場面ではっきりそう予測したのである。番組が終わったのは午前八時半、開戦のニュースが入ったのは八時四十七分であった。それを七時の段階で明快に「今日戦争が始まります」と公言したのである。

もちろん筆者の発言を聞いて、ディレクターは大慌てでした。「もし戦争が起こらなかったらどうするんだ」。そういう懸念が顔に溢れている。しかし筆者は動じない。「そのとおりです。間違いありません。今日始まります」と言って譲らない。

その最大の秘密はいまだから明かすことができるけれども、実はあの地域全体の「天気図」を正確に入手していたからである。

当時、クウェート国境から二十キロサウジアラビアに入ったところにアラビア石油が経営している「カフジ」という油田があった。その油田で採掘された原油をタンカーが引き取りにいく。いつタンカーを入港させるべきかについての判断を左右するのが天気図なのである。

あの地域は低気圧になると、必ず「砂嵐」が発生する。筆者は一度だけその「砂嵐」を経験したことがあるが、それはすさまじいものである。車を走っていると、はるか彼方から、砂嵐が襲ってくる姿が見える。すぐ運転手は車を止めて、段ボールを出して車のフロンドガラスを覆う。それも外側で覆う。そのままじっと車を止めて「砂嵐」が到来するのを待つ。

このときの「砂嵐」は十五分ぐらいのものであった。その間に「砂嵐」が自動車の鉄板をたたく。そこで発生する静電気。これがすさまじいものであって、車には必ずこの静電気を放電させるための放電器を積んであるほどだ。その放電器で車体に帯電している静電気を放電しなければならない。三十万ボルトあるのである。すさまじい音がする。本当にズドン、雷の落ちるのと同じ音がする。そういう経験をしたことがある。この「砂嵐」がいつ来るかを判断するのには、あの地域全体の天気図が絶対に必要とする。情報源として使わなければならない。

その当時、まだ操業していたアラビア石油をその前年秋に訪ねていた。そして社長に対して各事業所から送ってくる天気図のファックスのコピーを送ってくれと依頼しておいたのだ。私はそれを握っていたのである。したがって一月十七日、次第次第に高気圧が地中海の東岸から東へ移動して、ペルシャ湾の北部を全部覆い尽くす。高気圧が支配している地域には「砂嵐」が来ない。

それは同時に大規模な航空作戦が可能だということを意味している。したがって今日戦争が始まると「公言」するだけのデータをそういう形で入手していたのである。

だから筆者はディレクターに詰め寄られても譲ることなく、「今日ですよ」「今日ですよ」と繰り返し主張することが可能だったのである。

結果、事実はそのとおりに展開した。これははっきりしているのである。その当時いろいろなテレビ番組で湾岸戦争がどういう影響を与えるかなどの見通しについての議論は盛んにあった。

ある大銀行の経済研究所の所長と筆者は対談したことがある。そのときにその研究所の所長はこう言う。「イラク軍はクウェート全体を『要塞化』していますよ。そこへ多国籍軍が殴り込んだら、ベトナム戦争の二の舞だ」。

それに対して筆者はこう答えた。「イラクはどの程度の鋼材を生産する力を持っているかご存知ですか。サモワに年間三十万トンのキャパシティを持つ製鋼所が一カ所しかありません。

その程度の鋼材でイラク軍がクウェートを『要塞化』できるとお考えですか。そんなことはあり得ません。絶対にあり得ません」。

筆者の判断どおりであった。「要塞化」は口では容易《たやす》い。しかし現実に実行しようとすれば、膨大な量の建設資材と膨大な労働力を必要とするのである。

第二次世界大戦の実例で言うならば、ナチス・ドイツはフランスの大西洋岸に要塞を構築した。俗にいう「大西洋要塞」である。それにいったいどれくらいの資材が必要であったか、労働力が必要であったか。すでに明快な答えが出ている。鋼材百七十万トン、生コンクリート三千五百万立米、労働力四十五万人であった。これが「大西洋要塞」を構築するために必要だった主な資源と言って間違いはない。ドイツの工業力をもってして、これだけの資源と資材を確保することが可能だったので、イラクにそんな力があるなどとは誰もが信じない。またそのようなことはなかった。

軍事というものは、こういう情勢を正確に摑んでいなければいけないのである。仮に「要塞化」と言うからには、少なくとも日本の陸軍士官学校で教えていた「築城学教程」ぐらいは読んでいなければいけない。それにちゃんと書いてある。それをどのように応用するかという能力は別として、少なくともそうした知識を持たないで、「要塞化」などという言葉を簡単に使ってもらいたくない。これが筆者の主張なのである。

正確な情報は正確な判断を生む。また正確な情報は、正確な情報を持っているところにしか集まらない。これが鉄則なのである。

日本の国民は「平和ボケ」して、おそらくここしばらくのあいだに巨大な「犠牲」を払わざるを得ない状況に直面するかもしれない。これは残念ながら、遺憾ながら、その事実は避けて通れないと筆者は考えている。そうした事態を避けるためにどういう手段方法を講ずべきかはまた別の問題として論じなければならないと考えている。いずれにしても、そうした事態が起こり得ると視野の中に入れておかなければ、現在の日本を取り巻く国際環境の厳しさが理解できないと筆者は判断している。

繰り返すが、「情報とカネはあるところにしか集まらない」のである。

その原則はいついかなる場合においても変わることはない。とするならば、本書を読んで少なくとも、少しでも、軍事に対する基礎的な知識の片端でも、端切れでも、手にしていただいて、自分のものにしていただくことが「平和ボケ」から脱出するために日本国民に与えられた一つの方法であると筆者は確信している。

二〇一四年五月

長谷川慶太郎

＊目　次

装幀　上田晃郷

(1812年・6月——1812年・12月)

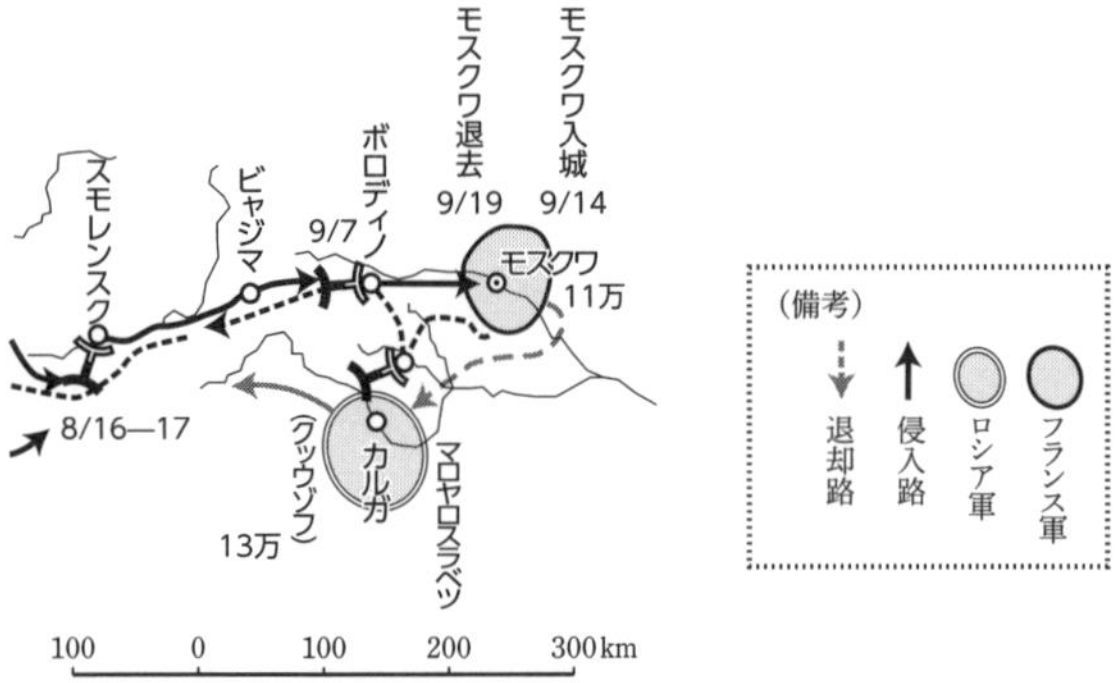

イエナ会戦後の追撃退却作戦経過要図（1806年10月—11月）

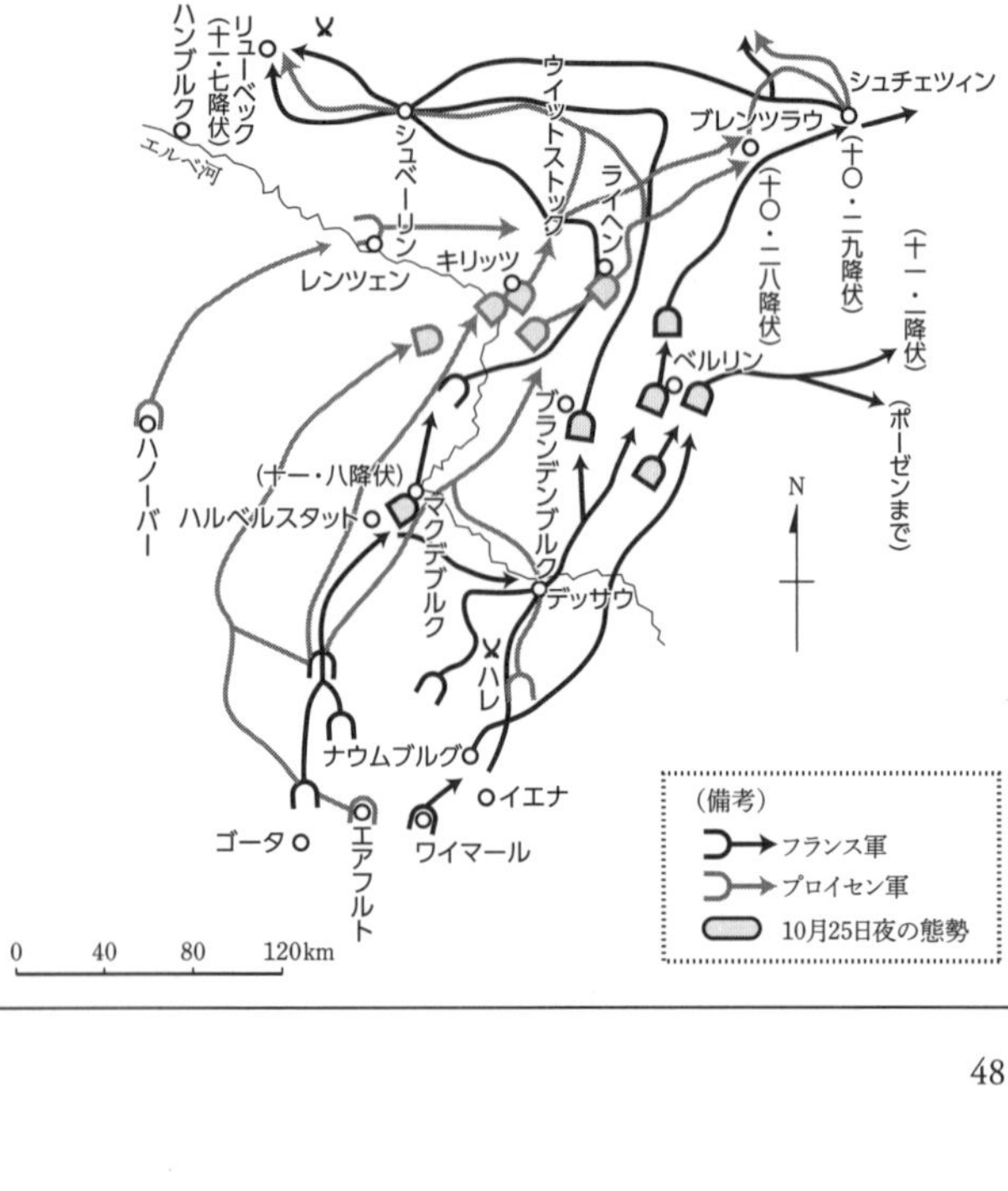

クラウゼヴィッツが参加した戦争

ロシア遠征作戦経過一覧図

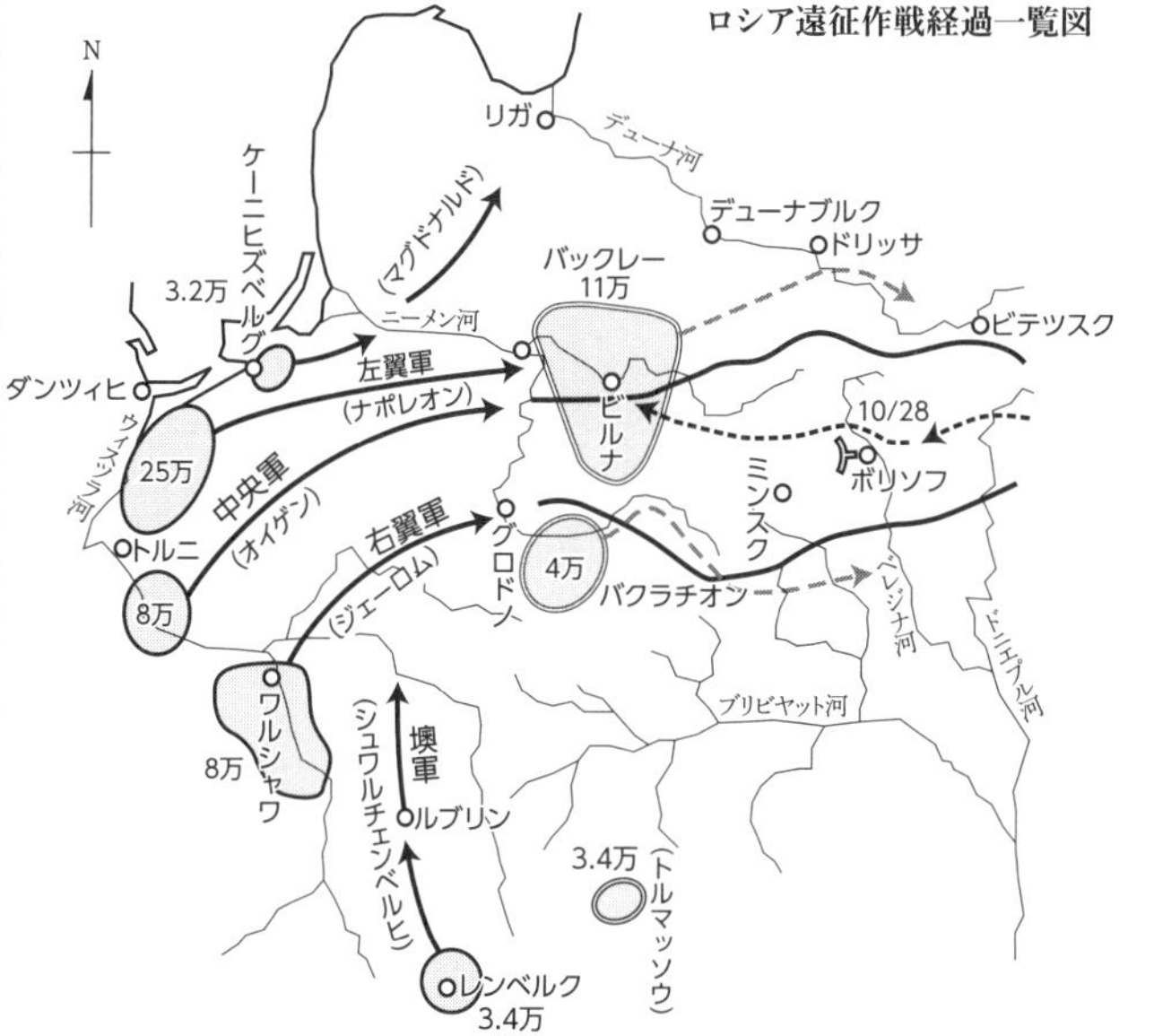

ワーテルロー会戦要図（1815・6・18）

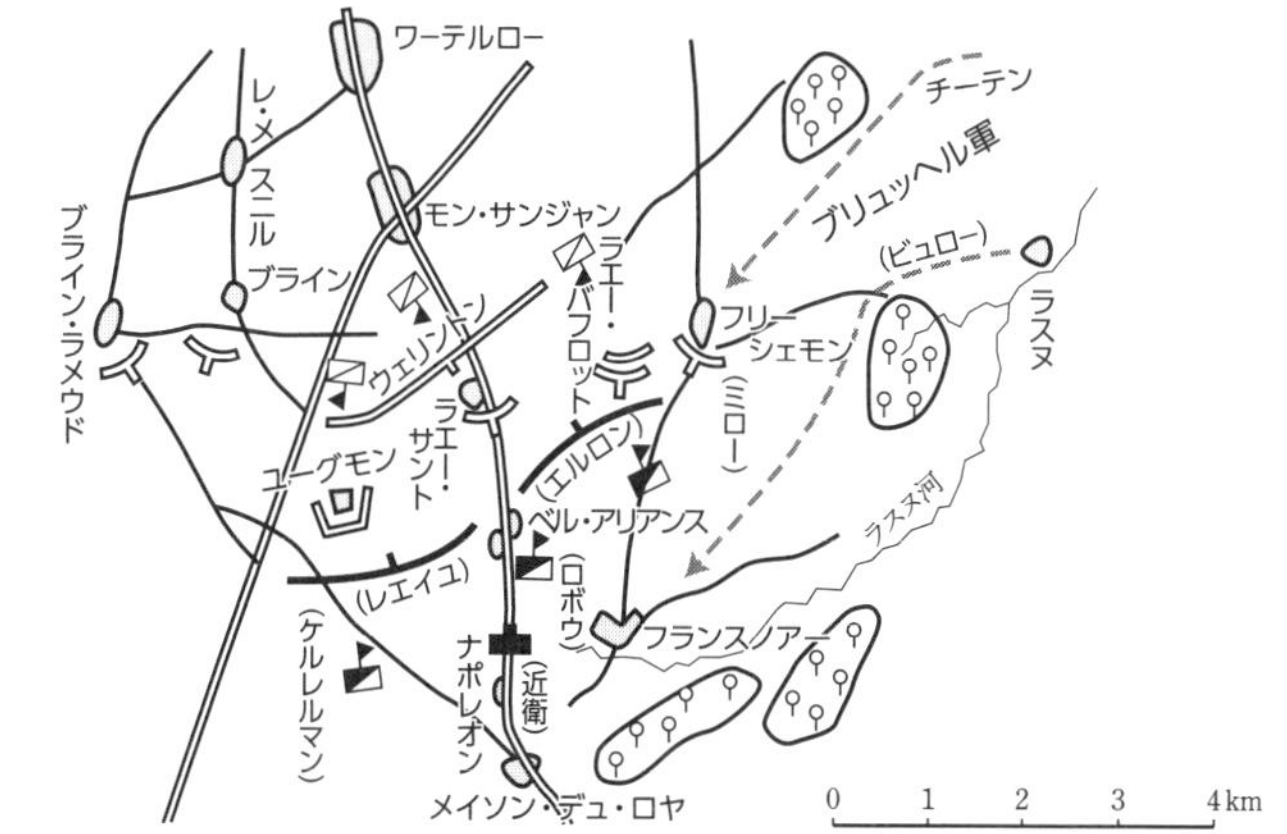

本書は二〇〇二年に刊行された『新「戦争論」の読み方』（ＰＨＰ研究所刊）に大幅な加筆を加えて、再刊行したものである。

本文中の訳文は篠田英雄訳『戦争論』（岩波書店刊）によった。

第一章

二十世紀の教訓

「冷戦」の勝敗のけじめがついた

本書の旧版（一九八三年刊行『「戦争論」を読む』）と今回の出版とのあいだに約三十年の開きがある。このあいだに生じた最大の特徴は「冷戦」の勝敗のけじめがついたということである。

「冷戦」のけじめは、極めて明快に指摘することができる。二十世紀の歴史の残した教訓の一つに「敗戦＝革命」という原則がある。すなわち、二十世紀の世界的な規模の大戦争は、戦争に勝つという目的のために参戦国はその国力のすべてを投入させる、いわゆる国家総力戦であり、それは当然のことながら、参戦国の国民に対して極めて厳しい、重い負担を強いた。それだけの大きな努力をはらいながら、ついに国家総力戦に敗北したとき、敗戦国の国民はこうした愚かな政策を導入し、それによって国民生活の基本的な条件を破壊させた政治的責任を、開戦当時の政治体制に厳しく追及する。

その結果、国家総力戦に敗北した国では、開戦当時の政治体制は絶対に存続することができず、ここで政治体制の全面的な変革、すなわち革命が発生する。第一次世界大戦、第二次世界大戦、その後の「冷戦」と、二十世紀に三度発生した地球的規模での国家総力戦の勝敗のけじめは、敗戦国における政治体制の崩壊という極めて明示的な現象によって特徴づけられる。

表現を変えるならば、どの地域で「冷戦」が終結したかを見る場合には、政治体制を見れば明確にわかるということである。西側陣営に対抗し、共産党の一党独裁体制をとってきた東側陣営に属する国においては、共産党の一党独裁体制が崩壊した時点、そのときこそ「敗戦」が確定した日時であり、「冷戦」が終結した日時である。

欧州では、一九九一年十二月がその時点であった。それに対し、東アジアにおいては、三カ国もの共産党による一党独裁体制をとる国が存在し、直接的あるいは間接的に、自由陣営とのあいだで対立抗争を繰り返している。つまり、より本格的な「熱い戦争」に変化する可能性、危険性は低下したとはいえ、今日においてもまだ「冷戦」は地球上からすべて姿を消したわけではないと指摘できる。

しかし、この東アジアにおける「冷戦」も、おそらく、二十一世紀で完全に終結するはずである。いま共産党の一党独裁体制をとりつつある三カ国、すなわち中華人民共和国、ベトナム社会主義共和国、朝鮮民主主義人民共和国の三国は、経済力はもちろん、軍事力においても自由陣営とは比較にならないほど劣勢である。彼らが、二十世紀後半に東側陣営が発揮したごとき、自由主義陣営と対等の軍事力を再び保有することも、経済成長率を維持することももはや不可能な状態に陥っている。このことは万人の目に明らかである。

東アジアでも例外ではない

さらに、こうした情勢は二〇〇一年九月十一日の同時多発テロの発生によって、いっそう促進された。例えば、この同時多発テロを契機にして、自由陣営の中核である米国は、かつて世界を二分した東側陣営の中核国であったソ連邦の解体・崩壊したその後継国家ロシア連邦とのあいだに、一種の緊密な同盟を結ぶ。これは中華人民共和国に対しては極めて重大な脅威である。中華人民共和国は、いまや四方を自由陣営とその同盟国によって包囲されている。そのなかで、一日でも長く共産党の一党独裁体制のみを維持しぬくことが、彼らにとって許された最後の選択と言わなければならない。そうした状況に置かれて、中華人民共和国を支配している中国共産党は、いよいよ階級政党としての性格を捨てた。中国共産党は労働者、農民の政治的な代弁者であり、マルクス・レーニン主義を原理原則としているが、それをすべて投げ捨て、中国でいま経済成長の主役となっている企業経営者を党員として迎え入れるという方向に動いている。二〇〇一年十月の第十五回党大会で「党員の資格改定」という表現のもとに、自分自身の政治体質を全面的に改革しようとしている。

これをいっそう促進するものが、俗に言う「WTO加盟問題」である。これによって中国は、経済的には自由陣営のなかに自らを組み入れることに積極的に合意している。WTOに加盟した後の中国の経済政策運営は、自由主義諸国のそれと質を異にするものではあり得ない。つまり、経済面において、中国共産党は自らの社会主義的な体質を全面的に放棄し、ある意味ではなし崩し的に共産党の一党独裁体制から自らを解放しようとし始めたのである。

それは同時に、東アジアに残る共産党一党独裁国の一つ、すなわちベトナム社会主義共和国においても政治体制および経済システムの全面的な改革をもたらすことは言うまでもない。最後に残る一国、朝鮮民主主義人民共和国においても、金正日《キムジョンイル》に続く金正恩政権の個人独裁体制が重大な存立の危機にさらされている事態を、いまやまぬがれることはできない。

「テロ支援国家」と指定されている朝鮮民主主義人民共和国は、これから自由社会、ならびに隣接している中華人民共和国との関係の悪化、あるいは関係の希薄化を通じて、いっそう厳しい孤立状態に追い込まれていくことは目に見えている。日本における代表者である在日朝鮮人総連合会、俗に言う「朝鮮総連」は、いまやそれを支援してきた金融機関である「信組朝銀」の全面的な経営破綻《はたん》と結びついて、警察当局の摘発の対象に転落した。これは率直に言えば、日本は北朝鮮に対して本格的に対立関係の認識に至ったという路線の転換である。日本が、外交対外政策および対北朝鮮政策の全面転換を決断し、すでに踏み切ったということの事実を無視するわけにはいかない。

共産党の一党独裁体制はもはや不可能

ここで重要なことを指摘しておく必要がある。それは、どうして「冷戦」で東側陣営が完敗したかということである。一九四五年第二次世界大戦が終わった直後、欧州全域にわたって戦禍がいかに厳しかったか。欧州全域にわたる人類の生活そのものをどれほど脅かしていたか。これは今日、隠れもない歴史的な事実として誰もが認識するところである。

そもそも共産党の一党独裁体制の本質は、戦争に対して最も有効な政治支配体制であるという一点につきる。率直な表現を使うならば、ソ連共産党の一党独裁体制は、第二次世界大戦で最も厳しい戦場であった東部戦線において、ドイツ国防軍と正面から対抗し、ついにドイツ国防軍を全面的に撃破して、第二次世界大戦を連合国に勝利をもたらすうえで極めて大きい貢献をしたことは疑うべくもない。

一九四一年六月二十二日、ナチス・ドイツの奇襲によってソ連軍は甚大な被害、損害を蒙った。例えば、ソ連の工業生産の約六〇パーセントを占める西部地域、すなわちウクライナからロシアにかけての工業地帯のほとんどすべてがドイツ軍の占領下におかれている。じつは、その時点で、ソ連共産党の一党独裁体制は、その威力を極めて明確に発揮した。スターリン率いるソ連共産党は、ソ連国民に対して「祖国防衛戦争」を訴えかけたのはもちろんのこと、攻撃してくるドイツ軍の第一線が迫ってくるなかで、ソ連の軍需生産を担当している工場の労働者が、全力をあげて軍需品の生産を続けていた。そればかりか、ドイツ軍の占領寸前に、その保有しているすべての機械設備を取り外し、シベリアの奥地に移転させ、そこで文字通り生産を再開して、大量に消耗する軍需品の補給を完全にしたのである。それはまさしく一種の叙事詩に似た極めて劇的な展開であった。

シベリアの奥地に疎開したロストフの戦車工場は、移転そのものに約六週間、生産が再開するまで二週間、そしてその後一カ月で能力のすべてをあげて戦車の生産を行った。しかも、そこで生産されたT34という戦車は、ソ連の国土での戦闘行動に最も適した高度の性能を持つ戦車であり、その威力はドイツ軍の機甲部隊を撃破するに足るだけの力を発揮している。

こうして、被害を受けながらも戦い続けたソ連軍であったが、実はソ連軍が受けた甚大な被害というのは、ドイツ軍の攻撃によるものばかりではなかった。スターリンという指導者は過酷な独裁者であり、もし、第一線部隊の指揮官が与えられた戦闘目標を達成することに失敗し、作戦の目標を達成することができなかった場合には、遠慮会釈なく、その指揮官を懲罰の対象として銃殺に処することも決してまれではなかった。ソ連軍は、文字通りの命がけの戦闘行動を強いられた。軍内部に網の目のように配置された共産党員の組織、すなわち「政治委員」の厳しい監視のもとで与えられた命令を徹底して遂行しなければ、自分自身の生命が敵の銃弾のかわりに味方の銃弾によって奪われるという過酷な状況をしのばなければならなかったのである。

これはソ連軍の兵隊に限定された問題ではない。ソ連軍の二年余にわたる包囲下に置かれたレニングラード（今日のサンクトペテルブルク）の市民は、三百万人の住民のうち三〇パーセントにあたる九十万人が餓死、凍死した。そうした市民の餓死、凍死をよそに、レニングラードを守備するソ連軍の兵隊は、中央で決定された規定にしたがって十分な食糧の給与を受け、戦闘行動を継続していた。それだけ過酷な運命を自国の国民に対して供与し得るのは、共産党の一党独裁体制以外に、地球上あるいは歴史上、存在したことはないと言って誤りはあるまい。

こうした共産党の政治目的を徹底して実現するためには、人命の損失も自国民の生活の犠牲もいとわないという過酷な体制が必要不可欠になる。実は、これこそが「共産党の一党独裁体制」そのものである。これは逆に言えば、国家総力戦的な体制を必要としない平時が続くなかでは、共産党の一党独裁体制を堅持することは不可能だということになる。つまり、戦争を絶えず地球上に持ち込むことが共産党の一党独裁体制の政治における役割であり、かつまた基本路線であったということである。

自由を要求することが人類の願望

このように、共産党の一党独裁体制は、必ず戦争を必要とする。彼らにとって、唯一その支配体制を堅持するための前提条件は戦争なのである。したがって、二十世紀半ばにおいて「冷戦」が発生したのも、ソ連共産党を中心とする一党独裁体制の世界政策の産物と言ってよい。自らの存立を維持し、かつまたその支配体制を強化しようとするならば、平和は絶対に容認できない。平和になれば、どの国の国民も、当然のことながら、戦時下において課せられた厳しい制限は容認しない。外国旅行の自由を要求するであろうし、情報入手の自由も強く要求するであろう。こうした自由を要求することが、平時体制、あるいは平和な状態の国民、もっといえば人類の本性に基づく願望である。

政治の自由を保障している民主主義体制と全面的に対立する共産党の一党独裁体制は、こうした国民の本能から生まれてくる自由への要求、あるいは願望を徹底して弾圧する。そうした要望に対しては強圧を加えることによって、一切拒否し続けてきた。しかし現実の世界では、世界に新しい平和を確立するために第二次世界大戦後には国際連合が成立し、そのもとで国際情勢をめぐる緊張は次第に緩和してきた。地域紛争についても、国連のもとで武力による対決ではなく話し合いによって解決しようとする雰囲気ができあがってきた。これはもちろん、世界の人類が共通した願望として生み出した産物であり、ソ連自身がこれに参加せず全面的に否定し、拒否し続けることは許されない情勢になってきた。

ソ連は、連合国の一員として第二次世界大戦に勝利した成果としてヨーロッパを中心に広大に支配権を拡大し、そこに共産党の一党独裁体制を移植するという行動に出ることが不可欠であった。かつまた、彼らの得意とする宣伝工作によって、西側陣営とくに米国がいわば帝国主義の本拠として東側陣営に対して武力を含めたあらゆる力を行使し、その存在を否定しようとしているという認識を広めた。それを繰り返すことによって、人類を欺瞞《ぎまん》し続けたのが「冷戦」の一つの側面である。

「情報化」がソ連邦を解体に追い込んだ

ソ連が敵として宣伝する米国は、第二次世界大戦の末期に核兵器の開発に成功し、それを現実に使用しその威力を人類に示している。これに対抗して、ソ連がいかに大きい努力をはらって核兵器の自力開発を推進したかはよく知られている。また、核兵器開発のために、手段、方法の限りをつくして西側の核兵器の秘密を入手しようと必死の努力を傾けたこともよく知られているところだが、その一方において平和運動を鼓吹して、西側の核兵器使用の手を縛るための努力も全力をあげて展開していた。

だが、二十世紀のとくに後半、核兵器の性能が急速に進歩した。広島型の原爆から水素爆弾にいたるまでの一連の研究開発の成果が生まれ、もはや地球上に存在する全人類六十億人に対して、ほぼ一人一トンのＴＮＴ火薬に相当する破壊力を、米ソ両大国を中心に保有するところまでに至ってしまった。この時点で、極限の状況まで達したと言ってよい。

その一方において、この核兵器を運搬し、目標に命中させるための運搬の手段としての大陸間弾道弾（ＩＣＢＭ）の開発も進展した。このＩＣＢＭと核兵器の結合は、地球全体の人類の生存をおびやかす極めて巨大な破壊力そのものを意味する。その結果、いかに戦争を必要とする共産党の一党独裁体制といえども、自らの全面的な消滅を意味するこの核戦争の引き金を引くという決断は、もはや不可能になっていった。

こうした現実が国際情勢の基調になるにつれて、ソ連も「平和共存」の方向を打ち出さなければならなくなった。ただ、その一方で、植民地解放闘争に対して徹底した支援を与えることにより、西側世界のなかに分裂と対立、さらにまた支配体制を崩壊させるための引き金を構築しようと必死の努力を行っていた。しかし、次第に平和の方向が定着していくなかで、ソ連側もついに「平和共存」の路線に従わなければならない状況に立ち至った。

そうした状況になったときに、たちまち衝突するのが「情報入手の自由」を国民に保障できるか、という現実である。これは、共産党の一党独裁体制にとって最大の悪夢の発生といっても過言ではない。

一九八〇年代に入って、急速に平和が確定し、その過程で西側では電子技術が驚くべき発展を遂げた。この技術は、国民全体に極めて強く影響を与える経済活動の中心になりつつあった。ところが、この電子化の技術を、共産党の一党独裁体制下にある一連の国々に導入できない。なぜならば、電子化は、国民の情報入手の自由を著しく広げるものだからである。それは、テレビやラジオのように受け身の情報入手の自由だけではない。自らも情報を発信し、それを自分自身で運営していくという「ネットワーク」が次第にその姿を現わし、これを通じて驚くべき電子技術の実用化が実現する。そうした状況が、そう遠くない将来に世界全体にわたって定着するのは当然の成り行きとして予想されたことであった。

筆者はこのような流れを「情報化社会」と表現し、一九八五年に『情報社会の本当の読み方』（ＰＨＰ研究所刊）という著作を通じ、以下のような予測を展開した。

「共産党の一党独裁体制は自国の国民に対して絶対に情報化を許容できない。『情報化』とは単に受け身の情報入手というだけでなく、情報発信の自由も与えられることである。それを自国の国民に認めなければならないという本質に、共産党の一党独裁体制が衝突するという現実がいずれ訪れる。『情報化社会』が進むにつれて、東西両陣営間の技術格差は拡大し、結果として経済競争で東側陣営は西側陣営にとうてい及ぶことができなくなる。その格差の経験が、共産党の一党独裁体制の解体・崩壊をもたらす極めて強い原動力を生む。恐らく、あまり遠くない時期に共産党の一党独裁体制は全面的に解体・崩壊する」

これはかなり先見性のある議論であったと、今日振り返っても思っている。この予測のとおり、一九九一年にソ連邦が解体し、ソ連共産党の一党独裁体制は消滅した。それと前後して東ヨーロッパ全域にわたって共産党の一党独裁体制が全面的に解体・崩壊、政治体制が一党独裁体制から民主主義体制に移行した。

レバノン侵攻で明らかになった米ソ間の技術格差

この事実は極めて重要である。先述したように、共産党の一党独裁体制とは、戦時に適した政治支配体制であって、平和が定着する時期においては、その機能は発揮し得ない。表現を変えるならば、「冷戦」の勝敗は、平和が確立するにつれて、最終的に幕をおろさざるを得ない段階に到達するということである。そして、それ自身が共産党の一党独裁体制そのものを根底から崩壊させる性格を帯びていたという事実をあらためて認識しておく必要がある。

先にあげた東西間に存在する技術格差、とくに電子技術をめぐる極めて大きな技術格差は、たちまちにして軍事技術に反映する。それを最も明確な形で示していたのが、イスラエルのレバノン侵攻（一九八二年）である。このとき、隣国シリアはソ連の援助を得て建設した自国の空軍を使ってレバノン上空における制空権をイスラエル空軍から奪取、その支援を受けてシリアの陸軍部隊をレバノンに派遣して、イスラエルと決戦を挑もうとした。これは亡きハーフィズ・アル＝アサド前大統領の大構想であった。

さて、その行方はどうなったか。まず前提となった制空権奪取のための大空中戦は、一九八二年六月、レバノンの首都ベイルートの上空で展開した。シリア空軍の投入した戦闘機はすべてソ連製である。ソ連製のミグ29を中心とする最新鋭の戦闘機約百機を投入し、ほぼ同数のイスラエル空軍の戦闘機に対して航空決戦を挑んだ。結果は、シリア空軍の大敗であった。イスラエル空軍の損失はゼロ。対してシリア空軍は九十二機という大量の損害を出し、ついにベイルート上空の制空権を奪取することに失敗。レバノンに侵攻したイスラエル軍とシリア軍との決戦も、当然のことながら見送らざるを得ないという状況に陥った。

どうしてソ連製の最新鋭の戦闘機ミグ29とイスラエル空軍の装備しているクフィール、米国製のFE4型戦闘機とのあいだに性能の格差が生じたか。それは、ソ連製の戦闘機に装備していないECM（電子照準装置）が威力を発揮したからであった。空対空ミサイルを発射する際、イスラエル空軍の戦闘機はシリア空軍の戦闘機、その装備する機関砲の射程外から次々に正確な照準で空対空ミサイルを発射し、シリア空軍の戦闘機を撃墜していく。これに対して、シリア空軍の戦闘機はいかんともなすすべもなく、ただ撃墜されるままであった。この戦果の差は、もはや戦闘機の戦闘性能において、西側と東側とのあいだに極めて大きい格差が生じていることを明確に全世界に示した。この結果に対し、ソ連空軍の首脳部が極めて強い心理的な衝撃を隠すことができなかったのは言うまでもない。

東側陣営に突きつけられた厳しい現実

同様のことが、陸軍においても発生する。それは一九九一年一月の「湾岸戦争」で証明された。イラク軍の装備しているのはソ連製の最新鋭の戦車T80、対する多国籍軍の中心は米軍の装備する「アブラハム」戦車。いずれもほぼ同等の重量と同口径の火砲を装備しており、おそらく対等の戦力、戦闘性能を発揮するものと期待されていた。ところが現実には、クウェート国境に近いイラクの国土で戦われた機甲戦では、イラク軍が投入した四百両の戦車を失ったのに対し、米軍の損失戦車はゼロであった。

両軍の違いは極めて大きい。イラク軍の装備しているT80の主砲百二十二ミリ滑腔《かっこうほう》砲の射程距離は約三千メートルであるのに対し、米軍の装備するアブラハム戦車は同じ百二十二ミリ滑腔砲でありながら、射程距離は四千メートルである。あるいは、イラク軍の装備するソ連製戦車にはレーザー照準装置が装備されていない。アブラハム戦車にはレーザー照準装置と追尾装置があり、いったん照準を定めた主砲は移動につれて自動的に砲塔を回転させて、その目標をはずすことはあり得ない。
また、同じ百二十二ミリ滑腔砲と言いながら、ソ連製の場合、砲弾の弾芯には酸化タングステンが装塡《そうてん》されている。米軍は、それよりもはるかに比重の大きい劣化ウランが弾芯であった。その結果、米軍戦車の発射する砲弾ははるかに衝撃力が強く、貫徹力において格段の開きがあった。そうした格差が四百対ゼロという戦果の差となって、明確に打ち出されたのである。

この情景を見て、ソ連軍部の中核とも言うべき陸軍の首脳部は顔色を失ったに違いない。ここで「熱い戦争」に転化した場合、核兵器を封じられて戦力の中核となる戦車の戦闘性能において、ここまでの格差をつけられては、もはや対等の戦争を遂行する能力はないに等しい。電子技術の急速な進歩、そしてそれを活用した軍事技術の発展の差が、これほどまで大きな格差となっていた。もはや東側陣営は西側陣営と対等の戦力を保有していないという厳しい現実が、共産党の一党独裁体制の最高幹部、あるいは彼らを支えていたはずの軍部の最高首脳に対して、疑問の余地のない形で示されたのである。

情報化を自国の国民に許容できない東側陣営の共産党の一党独裁体制は、西側陣営に属する自由主義諸国の国民に対して、政治面でも経済面でも技術面でも、極めて大きい格差をつけられてしまうという現実。それが、一九八九年、東ドイツで俗に言う「ベルリンの壁」を突き崩す徹底的な力となった。

国民の生活水準と平均寿命の関係

著者は、一九九〇年『国家が見捨てられるとき』（東洋経済新報社刊）という著作を通じ、どうしてベルリンの壁があれほど劇的に、かつまた明快な形で崩壊せざるを得なかったか、その原動力はいったい何なのかを解明した。

それは一言で言えば、東西ドイツの国民の生活水準の差が平均寿命の差という明快な形で生じたからである。平均寿命とは、その国の国民の衣食住や医療技術の水準、社会保障制度など、さまざまな要因が複雑にからみあって決定されるものだが、平均寿命が伸びるということはその国の国民の生活が次第に改善されている証であり、平均寿命が短縮するのは国民の生活が崩壊し、正常さを失った証拠と考えて間違いあるまい。

このことを端的に示すものが戦争の結果である。敗戦国では例外なく、国民の平均寿命が大きく短縮する。日本もそうであった。日本が第二次世界大戦で敗北した一九四五年（昭和二十年）の日本人男性の平均寿命は二十三・九歳だったが、日本が本格的に戦争に突入する前、すなわち一九三六年（昭和十一年）の平均寿命は四十七・七歳である。敗戦によって平均寿命が事実上半分になっている。これは日本が、いかに国家総力戦において徹底的に敗北し、国民の生活を大きく破壊したかを端的に示す数字と言ってよい。その後日本は、一度も戦争をしたことがない。そのおかげで一九九九年には、日本人男性の平均寿命は七十七・一〇歳にまで延長している。

「冷戦」についても同じである。「冷戦」の主役となった東側陣営の中核国ソ連邦では、一九八五年、すなわちゴルバチョフがソ連共産党最後の書記長になった時点での男性の平均寿命は、ソ連邦で最も平均寿命が長かった一九七〇年に比べて、実に六歳も縮まっている。その後、ソ連邦が解体・崩壊し、今日においてはロシア連邦の男性の平均寿命は五十八・二七歳である。日本人男性の平均寿命と約二十歳もの開きがあるのが現状である。

ロシアの最高権力者である大統領としてプーチンが就任したとき、彼は四十七歳という年齢であり、日本では「若い政治家の登場」として彼を大きく評価した。だが、ロシアのなかでは平均寿命五十八・二七歳のなかでの四十七歳であるから、決して若い存在ではない。老齢とまでは言わないにしても、少なくとももはや人生の峠を越えた存在として評価されるべき年齢である。日本では四十七歳と言えば駆け出しの、それこそ陣笠程度の代議士の年齢と評価されるが、ロシア連邦では若い世代に属する政治家とは思われていないと考えてよい。

「冷戦」の本質

著者は何度か東ドイツを旅行した経験を持つ。東ドイツと西ドイツの最大の違いは匂いである。いったんベルリンの壁を越えて東ベルリンに入ったとたんに石炭の匂いがするが、西ベルリンにはそれがない。このことは、東ドイツでは大量の褐炭、しかも燃焼効率の悪い褐炭を使用しなければならず、それがエネルギー源のなかで大きなシェアを占めているということと無関係ではない。すなわち、東ドイツでは、貿易赤字が経常的に存在しているために石油などのエネルギー源の輸入がままならなかっただけでなく、ソ連からの原油や天然ガスといった液体燃料の供給が必ずしも十分でなかったのである。

先にあげたごとく、「ベルリンの壁」が存在しているときには東ドイツ全土にわたり、鉄道の運行は蒸気機関車に依存していた。電気機関車に転換できないのは、電気機関車の生産能力が欠けるためだけではない。東ドイツで電気機関車の生産は行われていたが、せっかく生産した電気機関車はソ連邦に輸出し、石油、原油、天然ガスの代金にあてなければならないという状況におかれていた。

こういう状況が、東ドイツの国民生活全体に、強い圧力となってはね返り、それが先にあげたように平均寿命の格差を生み、さらにその平均寿命の格差が、誰言うとなく自然発生的に、赤子の生命が短くなるという判断を東ドイツの国民に植え付けていった。それこそが、「ベルリンの壁」を突き崩す最大の力になったのである。

こうした事実を見るならば、「冷戦」とは、共産党の一党独裁体制がいかに時代遅れになったかを示すと言って間違いはない。すなわち、第二次世界大戦が終わって人類全体が平和を享受し、そのことで経済の再建と生活を改善していく努力を祈願すべき状況になってきたときに、共産党の一党独裁体制はそれに逆行する要素として登場してきた。これが「冷戦」の本質である。

本書の旧版において、著者はオガルコフ参謀総長指揮のもとに起こった大韓航空機の撃墜事件をまず冒頭にとりあげた。大韓航空機という完全に非武装の民間航空機であっても、ソ連邦の国境を侵犯すれば遠慮会釈なく防空戦闘機を発進させて撃墜する。こういう事態は誰が何と弁解しようと、共産党の一党独裁体制の非人道ぶりを端的に示す事件にほかならない。こうした事件を繰り返す共産党の一党独裁体制そのものが、人道あるいはヒューマニズムに対して挑戦する存在であったことは言うまでもない。

しかし、世界全体の人類の努力によって戦争の脅威が少しずつ遠ざかり、平和が定着するにつれて、戦争に適した政治体制であるという一党独裁体制の本質が次第に露呈していった。そして、ついにそれは支配を受けている国民の反発を招き、全面的な「冷戦」の終結と、共産党の一党独裁体制の崩壊・解体をもたらすことになったのである。

「戦争」とは何か

『戦争論』を読む際に非常に重要になるのは、戦争とはいったい何なのかを明確に認識しておくことである。

戦争とは、国家対国家の関係を外交交渉では解決できない場合、あるいは打開できないと判断される場合にとるべき武力を行使しての力関係の修正、改定であり、また、それを国際秩序のなかに組み入れて定着させるための手段としてクローズアップしてくる事態でもある。クラウゼヴィッツはナポレオン戦争の経験を通じて『戦争論』を書いた。それから二百年近くを経過したいま、あらためて「戦争」を論じるときには、その後の一連の戦争、とくに二十世紀における第一次世界大戦、第二次世界大戦、そして「冷戦」という三つの大戦争の経験と、その総括を行うことが不可欠である。

一言で言うならば、二十世紀というのは「戦争と革命」の連続した、人類にとって極めて不幸な時代であった。それを端的に示すものが先にもあげた平均寿命である。

十八世紀、英国で産業革命が始まり、それが世界全体に急速に広がっていくプロセスで英国人の平均寿命が大きく変化したことは先に述べた。一八〇〇年ごろ、すでに戸籍制度が完備していた英国では平均寿命の算出が可能である。当時は、男女ともども平均寿命は三十歳代前半であった。それが十九世紀の末期においては、三十歳延長して、六十歳代前半になっている。だが、二〇〇〇年においては、英国人の平均寿命は二十世紀初頭に比べて十歳代の延長しかない。つまり七十歳代前半である。

十九世紀と二十世紀との比較をするならば、技術の進歩発展、経済の規模の拡大、さらにまた人類全体に与えられた自由、すなわち選択の幅の拡大には著しいものがある。にもかかわらず、どうして十九世紀に三十歳も延びた平均寿命が二十世紀においては十歳代しか延びていないのか。その理由はただ一つ。「戦争」である。

十九世紀において平均寿命が急速に伸び始めたのは、とくに後半であった。その背景には、一八七一年に独仏戦争が終結してから一九一四年第一次世界大戦が始まるまでの四十三年間、人類の活動の中心舞台であった西欧諸国で大規模な戦争は一度も起きていないという事実がある。そのあいだ、経済活動の拡大と成長が急速に目立った。それは国民全体に対して、極めて大きい生活状況の改善を意味している。

例えば、この時期になって初めて、西欧先進国の一般庶民の食卓に毎日肉製品が登場する。それ以前の主食はジャガイモとパンのみであった。そこに肉製品が登場してきた最大の理由は、冷凍技術の進歩である。また同時に、世界全体が単一の市場に組み込まれ、文字通り高きから低きに流れるごとく、あらゆる商品が生産地から消費地に円滑に安定的に、極めて低コストで移動できるようになった。こうした状況が生まれたのが一八七一年から一九一四年までの四十三年間であった。

この時期のなかでもとくに、一八七三年から一八九六年までの二十三年間は、経済史の専門家が大不況と呼ぶがごとく、毎年、消費者物価がほぼ二パーセント平均で下落を続ける「デフレ」が支配する時代であった。このあいだに人類の生活がいかに大きく改善され向上したかを、著者は『これまでの百年　これからの百年［増補改訂版］』（ビジネス社刊）という著作のなかで、極めて詳細に、かつまた徹底して論及している。

戦争がない時代は、経済の面ではデフレであり、戦争になればその逆にインフレが発生する。それは動かせない経済の基調として世界全体の経済活動を支配する。

デフレとは、一言で言えば、売り手にとって地獄、買い手には極楽を意味している。人口の圧倒的多数を占める買い手にとってはデフレほど生活状況の改善と自由の範囲の拡大が可能な時期はない。逆に、インフレの時代においては、売り手は極楽、買い手は地獄であり、したがってインフレ時代においては人口の圧倒的多数を占める買い手の生活が日に日に悪化し、生活条件がいっそう劣悪になっていくというプロセスを避けることができない。

二十世紀に国際化した犯罪組織は二十一世紀に没落する

そうした認識のもとで今日を見てみるとどうか。二十一世紀に入った今日、すでに確立した「パックス・アメリカーナ」に対抗するだけの国力を保有する国は地球上に存在しない。米国の軍事力は世界最強であり、また、米国の国内通貨である米ドルは世界で唯一の国際基軸通貨として利用されている。米ドルに対抗するためにユーロという欧州共通通貨を作ったとしても、それが米ドルの地位にとってかわるなどということは、おそらく二十一世紀の半ばを過ぎ、末期にいたるまでも、果たして可能かどうかは危ぶまなければならないほどの大きい格差が存在する。

しかも米国は世界の金融センターであり、決済センターであり、証券市場センターであり、かつまた世界で最大の輸入市場である。同時に、世界で最も活発な投資活動を展開している経済市場である。さらに大切なことは、二〇〇一年九月の同時多発テロを通じ、米国は世界各国の警察当局と情報交換協定を締結することによって、国際的な規模でテロ活動を展開しようと考えるすべての勢力を徹底して弾圧し、摘発し、裁判にかけて厳しい罰を加えることによって、彼らの行動を阻止するというシステムを確立することに成功している。この事実は、二十一世紀において犯罪活動が国際化するのではなく、二十世紀において国際化した犯罪組織は二十一世紀にはすべて衰退し、没落する運命を待たなければならないということでもある。

同時多発テロに参加した「アルカイダ」と呼ばれる勢力は、世界すべての国の犯罪組織と提携関係にあった。「アルカイダ」は、麻薬を国際犯罪者組織に販売し、その代金を使って今度は武器や女性等々、あらゆる密輸によって高額の所得を得ていた。その資金の一部がテロ活動を展開するための資金にあてられていたことは隠れもない。

こうした資金の流れを絶ち、国際的なテロ組織を摘発することは、彼らと提携し非合法な犯罪を行うことによって収益をあげてきた国際的な犯罪者集団の活動を封殺することと重なってくる。これは、おそらく数年のうちに非常に本格化する。その意味から言えば、二十一世紀の世界全体は、極めて犯罪の発生の少ない時代を迎えることになる。

そうなったときに、世界の経済活動は、繰り返すがデフレを基調とするものに変わっていく。言い換えれば、いまの世界は、戦争の発生の可能性が絶無になる時期を迎えつつあるということである。

二十世紀の残した最大の教訓は、先に示したごとく、「敗戦＝革命」という厳しい現実であった。おそらく二十一世紀の初頭には、東アジアにおける共産党の一党独裁体制が全面的に解体、解消、崩壊する。それによって、いよいよ世界全体が「平和と安定」の時代に入る。そのなかで経済の基調は、徹底したデフレに転換し、それがまた人類全体の圧倒的多数を占める買い手の生活条件を改善する。その結果、二十一世紀末の人類全体の平均寿命は百二十歳に到達すると著者は確信している。

すなわち、二十一世紀は人類にとってまことに暮らしよく、また文明の花が見事に開花する時代になる。その時期を迎えつつあるいま、あらためて「戦争論」を論ずるまでもない。もはやこれは、完全に過去の「古典」としてのみ評価されるべき性格のものに変わる。そうした地点に立っているのが現在であると言わなければならない。率直な表現を使うならば、「戦争論」を論ずることは二度と再び繰り返されることはあり得ない。著者はそう固く信じている。

「熱い戦争」もまた起こらない

ソ連邦が解体崩壊し、世界全体にわたって「冷戦」がいよいよ最終的な終結の段階に入った今日、もはや人類は「熱い戦争」の被害を被る可能性は次第に薄れてきた。そればかりか、万一そうした事態が発生しても、これは極めて短期間に、また局部的な問題として収束し得るという見通しが確立した。

一九九一年の湾岸戦争が、まずその一例である。圧倒的な戦力を保有した多国籍軍は、一月十七日に空爆を開始し、二月二十四日に地上作戦を始め、同月二十七日には終結してしまった。これによってイラク軍は、決定的かつ壊滅的な打撃を被り、今日においてもイラクは国連の監視下で軍事力の整備ができない状況に直面している。

二〇〇一年九月十一日の同時多発テロ後の展開からも、そのことがうかがえる。「アルカイダ」を隠匿し、彼らを保護してきたアフガニスタンのタリバン政権は、隣国パキスタンからの経済的な支援や物資の供給のルートを断たれ、たちまちにして燃料の不足に苦しむこととなった。十月七日、米国を中心とする多国籍軍が空爆を開始し、さらにその後、自由世界全体の強力な支援を受けた北部同盟軍は本格的な侵攻作戦を開始したとき、タリバン軍は燃料不足のために保有している戦車、大型兵器を戦場に投入してその機能を発揮させることがまったくできなかった。

ガソリンのない戦車は「鉄くず」である。大量のガソリンの供給を、ロシア連邦や隣接しているウズベキスタン、タジキスタン、トルキスタンから受けている北部同盟軍は、保有しているのがソ連製の旧式戦車とはいえ、それを全速力で稼働させ、タリバン軍を追いつめていくのに対し、タリバン軍は対抗する手段を持ち合わせていない。その結果、地上作戦開始当時には国土の一〇パーセントしか保有していなかった北部同盟軍は、あっという間に全土を制圧し、タリバン軍はもはや最終的な局面におかれた。

同時多発テロは「戦争」ではなく「犯罪」

一方、二〇〇一年十二月四日からドイツのボンで始まった、いわゆる新政権結成会議では、主役となっている米国、英国は誰一人代表を参加させていない。ドイツのフィッシャー外相が議長となり、彼と国連の担当者が北部同盟軍を中心とするアフガニスタンの国内勢力の代表者を集め、タリバン政権が崩壊した後のアフガニスタンの新政権を構成するための話し合いが行われた。

こうした動きのなかで、国際的なテロ組織に支援を送る国は一国も存在しない。いかなる国においても、アルカイダを支持する勢力は米国警察当局の通報に基づいて徹底して追及され、その身柄を確保されて、米国に送致されている。この数はすでに四桁《けた》に達しようとしている。

また、彼らの資金源を断つために、マネーロンダリングを徹底して封鎖する国際協調体制も確立した。もはや二十一世紀においては、タリバン程度の政権であっても、もし万一、テロ組織に対して支援を送ったという証拠があがれば、圧倒的な軍事力を保有する米軍の力によって押しつぶされてしまう。

これからは、同時多発テロに象徴されるごとき国際的な規模の犯罪行動に参加し、あるいは展開しようとすれば、その瞬間に摘発の対象としてその活動が封殺されることを想定して行動しなければならない。そうした体制がすでに確立しようとしているということを明確に認識しておく必要がある。

一部では、同時多発テロを二十一世紀型の新しい「戦争」の一形態であるなどと主張する向きがある。しかしそれは、事実を完全に誤認したものであり、そうした見方は同時多発テロの心理的なショックの産物と言って言い過ぎではないかもしれない。

同時多発テロは、あくまでも犯罪として処断し、摘発しなければならないものであり、同様のことが二度と繰り返されないための国際的な協調体制の整備が、ここまで本格化した今日、とうてい「戦争」の新しい形態などと評価することは不可能である。ここであらためて「戦争」というものの本質を明快にしておかなければならない。それは徹底した「国家間」での争いの一形態である。それは決して、同時多発テロのごとき犯罪を意味しているのではない。

核兵器は無用の長物に転化した

加えて言うならば、同時多発テロのような犯罪はもちろんのこと、これまで世界的な脅威であった核戦争の可能性も完全に遠ざかったと言わなければならない。

そもそも核戦争とは、核兵器を相互に行使して、敵国のすべてを破壊しつくそうとする戦略に立っての戦争である。二十世紀のとくに後半は、核兵器の登場とともに、本格的な核戦争の脅威が人類の頭上に重くのしかかっていたことは言うまでもない。

よく言われるごとく、核戦争の勃発《ぼっぱつ》の時点をゼロアワーと「時計」にセットするならば、それまでにあと何分あるか、というシンボルがあらゆるところに提示されていた。しかし、「冷戦」が終わってみれば、もはや本格的な核戦争が勃発する可能性は絶無といって差し支えない。

東西両陣営に世界を分けていた「冷戦」のもとにおいては、両陣営のあいだで核戦争の引き金を引く可能性、あるいは危険性がたしかに存在していた。また、今日においても、米国の大統領、あるいはロシア連邦の大統領は、いずれも二十四時間「核兵器のボタン」を持った将校を側近に従えて世界中を移動している。つまり、いつでも核兵器のボタンを押すことはできるのだが、こうした姿もあとわずかのあいだに完全になくなると考えて間違いあるまい。

その理由は、「冷戦」の終結によってソ連邦も、またソ連共産党の一党独裁体制も消滅し、そのあとの後継国家であるロシア連邦は完全な政治の自由を国民に供与していることにある。自由な選挙によって選出された大統領が、国家の最高主権者としての地位を確保するという政治体制は、西側と何らかかわらない。その体制がロシア連邦に存在しているという現実こそが、核戦争が起こり得ないことを示している。

しかもロシア連邦は、ソ連邦の解体崩壊にともなって発生した経済体制の崩壊で甚大な打撃を被った。

　これほど大きな経済力の格差が存在するなかで核兵器の保全が十分なされるかどうかという大きな問題は、たしかに存在する。言うまでもなく、ここでロシア連邦の保有している膨大な核兵器を全面的に解体し、消滅させるという国際的な協調体制を何としても導入しなければならない。実際にその方向で、米ロ間の外交交渉が行われており、次第に結末を迎えようとしている。これは、米国にとっての安全保障という側面を持つばかりではない。欧州も含め世界全体を通して、ロシア連邦の保有する、もはや旧式化してはいるものの破壊力の大きな核兵器をすべて解体し、その弾頭を核燃料に転化することによって破壊力を消滅させることが、極めて大きい意味を持つ時代がすでに来ている。

　そのことは一九九二年、当時のブッシュ政権とエリツィン政権とのあいだで調印された、いわゆる「ＳＴＡＲＴ」第一次交渉で、米ソ両国は核兵器の大幅削減に合意したことからも説明できる。それから十年間をかけて核弾頭の保有数を互いに削減するという努力を重ね、二〇〇一年十二月、ついに「第一次ＳＴＡＲＴ」で合意された核弾頭削減を実現することに成功したと、米ロ両国政府は同時に発表した。

　ついで締結された「第二次ＳＴＡＲＴ」の成立によって、さらに米ロ両国とも大幅に保有核弾頭の削減を進めることになる。この事実は、すでに核兵器は、こうした国際政治に大きな役割を演ずる存在ではなくなったということだけでなく、人類が核戦争の脅威から大きく遠ざかる絶好の機会をつかんだことをも意味している。

ところで、核を保有するのは米ロ両国だけではない。東アジアにおいては現在、中華人民共和国が核保有国である。では、中国による核戦争の可能性はあるのか。結論を先に言えば、明らかにノーである。

中国の核弾頭は、米ロ両大国に比べるならば、はるかに数が少なく、かつまた破壊力も小さい。さらに、運搬手段の面で、中国本土から発射して米国の中枢部に到達するだけの能力を持っていないことは言うまでもない。

他方、もし中国が核兵器を発射するような愚かな行動をとるならば、中国の沿岸を行動している米国海軍第七艦隊は、それこそ中国のすべての大都市に対してトマホーク（誘導ミサイルの一種）の雨を降らすであろう。米軍だけでなく、今度は北側からロシア連邦からも軍事力を行使される事態もあり得るのである。

それは中国にとって国家の崩壊を意味する。すなわち、万一そうした愚かな選択をとったとするならば、その瞬間に中国そのものの消滅の可能性が十分ある。このことを中国共産党の首脳部は十分に認識していると考えて間違いない。いまや東アジアにおいて核兵器が行使される可能性は極めて低くなっただけでなく、日に日にその可能性はさらに低下しつつある。この現実もあらためて指摘しておきたい。

したがって、核兵器を大量投入して人類を破滅に追い込むごとき核戦争の可能性、その危険性は全世界的に消滅しつつあると言ってよい。そして近い将来、すべて核兵器が解体され、それが人類にとって新しい歴史の転換点をもたらす要素となると考えておくべきである。

核兵器はもはや、完全に時代遅れである。同時に、国際情勢に対して何の意味も持たない、無用の長物に転化したと評価しても誤りはあるまい。それが二十一世紀の「平和と安定」の時代を保障する最大の要因と捉えておく必要がある。

第二章　『戦争論』を読む

第一節　クラウゼヴィッツとその時代

敗軍の将校として

クラウゼヴィッツは、一七八〇年、フリードリッヒ大王治世下のプロイセン国、マグデブルク市に生まれた。

プロイセン国とは、十二世紀以来のブランデンブルク辺境伯領と、ドイツ騎士団が十三世紀に建てたプロイセン公国とが十七世紀に合併してできた国である。ブランデンブルク＝プロイセンは、新教国として三十年戦争に参加してその地位を高め、一七〇一年のスペイン継承戦争に際し、初めてプロイセン王国の名称をとるにいたった。二代目の王、フリードリッヒ＝ヴィルヘルム一世のとき、国内産業を充実し、軍備を拡張して貴族をおさえ、その勢力は帝位を持つハプスブルク家のオーストリアにつぐものとなった。

プロイセン陸軍は、近衛軍団（近衛歩兵第一、第二師団、近衛騎兵師団）と第一―第八軍団

（各軍団は歩兵師団二個からなる）で組織されており、歩兵師団は、歩兵二個旅団（各歩兵二連隊からなる）、騎兵一個旅団（騎兵二連隊からなる）で構成され、別に砲兵一旅団（砲兵二連隊からなる）、工兵一大隊が軍団に付属していた。

軍団長は大将、師団長は中将、旅団長は少将、連隊長は大佐がそれぞれ任命されたが、陸軍大臣には中将あるいは少将が任ぜられ、軍団長よりも地位は低いことが多かった。参謀本部は、十九世紀半ばまでは、陸軍大臣に属する組織であって、国王に直属する機関となるのはモルトケが参謀総長に就任する直前のことである。プロイセン陸軍には、国王に直属して将校の人事権を握っている「軍事内局」という独特の組織があった。プロイセン陸軍は、陸軍省、軍事内局、参謀本部の三組織が権限を分有していた。

クラウゼヴィッツは、一七九二年、プロイセン軍に入隊、フランス革命とともに発生した一連の戦争に従軍する。その後一八一二年、プロイセン軍を脱して、ツァー・ロシア（革命前のロシア）軍に参謀中佐として参加、ナポレオンのモスクワ遠征にあたっては、リガ要塞を防衛する軍隊に勤務した。一八一五年のワーテルローの戦いでは、プロイセン軍司令官ブリュッヘルのもとで参謀長を務めたシャルンホルストの幕僚として戦闘に参加し、戦後はベルリンの陸軍士官学校（クリゲース・アカデミー）の校長として勤務、この間に十八世紀から十九世紀にかけての戦争の経験を分析して、『戦争論』をまとめあげるべく努力をした。その後士官学校長からブレスラウの砲兵旅団長に転勤したが、そこでコレラにかかり、一八三一年死去する。

この経歴からもわかるとおり、クラウゼヴィッツはプロイセン軍、ツァー・ロシア軍、さらにプロイセン軍と、勤務する軍隊を転々としたが、その間一貫してナポレオンとの戦争に従事した。当時、世界最大の軍事的天才であったナポレオンに、ヨーロッパはあげて蹂躙《じゅうりん》されたが、クラウゼヴィッツはその間、敗戦を重ねる軍隊に勤務する将校として、戦争の悲惨さ、とくに敗戦した軍隊のおかれる環境の厳しさを身をもって体験したのである。

クラウゼヴィッツの没後、翌年から未亡人マリーの手によって遺作集が刊行され、一八三七年にその刊行が終了するが、そのなかで最も有名な著書が、『戦争論』である。

「君主の軍隊」から「国民の軍隊」へ

十九世紀の各国軍隊は、フランス革命とその後のナポレオン戦争の衝撃によって、それまでの「君主の軍隊」という性格を一挙に失い、急速に「国民の軍隊」に変貌《へんぼう》していく。それは、厳しい敗戦の経験を通じての変革であり、同時にその軍隊を再建しようとする努力と結びついていた。

クラウゼヴィッツは、ナポレオンによって国土を大幅に削減され、さらに軍備を四万二千の兵力に制限されるという厳しい条件におかれたプロイセン軍を、いかにして「君主の軍隊」か

ナポレオン全盛時代のヨーロッパ（1810～12年）

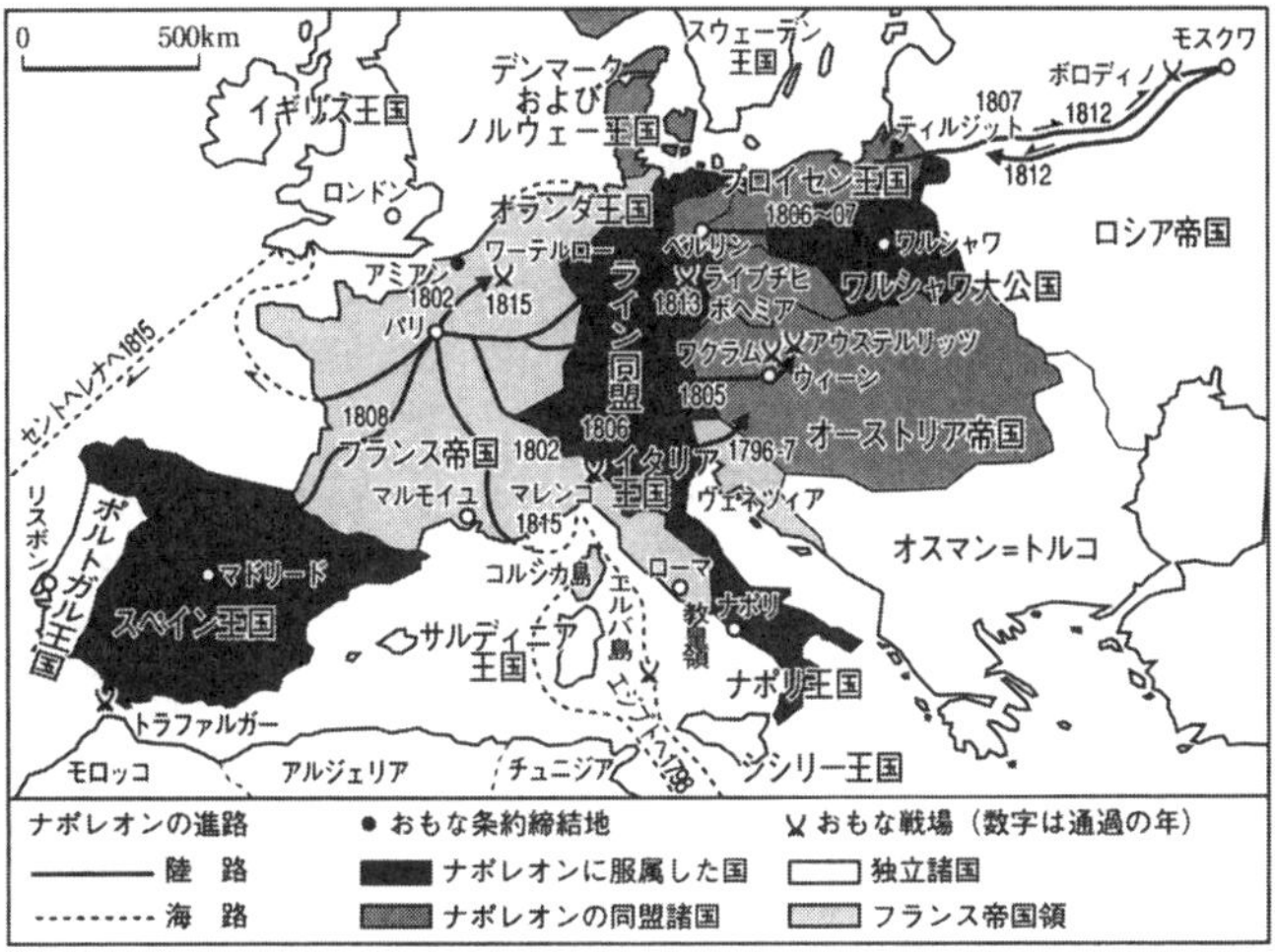

ら「国民の軍隊」へ内部から改革・推進するかに心を砕いた一連の軍人たち、すなわちシャルンホルスト、グナイゼナウなど、現在でもドイツ軍事史上輝ける星としてあがめられるエリートたちの一団に属していた。

シャルンホルスト、グナイゼナウはナポレオンとの戦争に敗れた後、徹底して痛めつけられたプロイセン王国を軍事的に再建するために、非常な努力を傾けた。ナポレオンは敗れたプロイセン陸軍を再起不能にするため、敗戦前には二十三万五千あった兵力を四万二千名に制限した。国土もほぼ半分に削られたプロイセンは経済的にも苦しい状況におかれていたが、そのなかで強力な陸軍を再建するには、「君主の軍隊」から「国民の軍隊」に変革する必要があった。そこで、敗戦前の傭《よう》兵《へい》から国民皆兵の徴兵制を基本にした改革を行おうとしたのである。彼らは、四万二千名に制限された兵力を補うために、短期間入営して訓練を受けた後、故郷に帰る制度を創設するなど、国王はじめ宮廷の強い反対を押し切って改革に努力した。何より重要なのは、将校の選抜と教育の改革である。

敗戦前のプロイセンでは将校の地位は、貧しい貴族の子弟に国王が恩恵として提供するものであると考えられていたから、将校として欠くべからざる知識も訓練もない不適格者が少なくなかった。これでは、戦争に勝てないのは明らかである。シャルンホルストは、「将校たるの地位にふさわしい者の資格は、平時にあっては教育と知識であり、戦時にあっては並はずれた勇気と冷静な判断力である」と述べて、貴族の家柄など無視する方針を打ち出し、貴族に取りまかれた宮廷の強い反発を買った。

しかし、現実に軍事力を強化するには、シャルンホルストの主張する改革を受け入れる他なかったから、プロイセン陸軍はほぼ彼の主張する方向に改革されたのである。

プロイセン王国は、十八世紀に大きい発展を遂げたが、その主要な手段は戦争だった。そのために、欧州でも最強の陸軍を建設しただけでなく、国王自身が自ら軍の最高指揮官として戦場に臨み、当時欧州最高の将帥としての地位を築き上げた。フリードリッヒ大王である。彼の築いたプロイセン軍は当時の欧州で最強の軍隊との評価を得ただけでなく、彼自身が作った

「横隊戦術」は、欧州の基本戦術とされたのである。そのプロイセン陸軍がフランス軍に完膚《かんぷ》なきまでの敗北を喫し、国土の半分を失うという屈辱的な講和を強いられ、そこから陸軍を再建する仕事に着手しなければならなかった。

彼らは、十八世紀、フリードリッヒ大王のもとで、プロイセンをドイツの一小国から欧州の一大強国にまで発展させる原動力となった。「プロイセンは軍隊を持った国家でなく、国家を持った軍隊である」とミラボーに言わしめたほどに、プロイセンの国政に強大な発言権を持った陸軍であったが、その陸軍がナポレオンとの戦争に敗れ、さらに屈辱的な講和を余儀なくされるという厳しい経験のなかで、十八世紀型の「君主の軍隊」から「国民の軍隊」へ脱皮させるべく、必死の努力を傾けたのである。

旧勢力と新興勢力の対立

この過程は、同時に極めて激しい政治闘争を伴った。すなわち、貴族と改革派の対立である。

シャルンホルスト等改革派は、将校の地位を独占している貴族の特権を正面から否定して、先に述べたように「将校たるの地位にふさわしい者の資格は、平時にあっては教育と知識であり、戦時にあっては並はずれた勇気と冷静な判断力である」と主張する。実際、軍隊の骨幹かつ中核である将校団の改革なしに、すなわち貴族の特権を排除することなしには、先にあげた軍隊の改革は絶対に不可能であった。

これに対して、特権を剝奪《はくだつ》されようとする貴族は、当然のことながら、激しく抵抗する。加えて当時のプロイセン国王フリードリッヒが、こうした政治闘争の過程において、貴族の特権を擁護する立場にまわったため、改革派の努力はなかなか実らない。しかし、軍事的に強大なフランス軍に対抗するには、合理的な思考方法をとる限りは、改革派の主張を受け入れざるを得ないのは明らかである。特権にしがみつこうとする旧勢力と軍隊の改革を推進しようとする新興勢力との対立がいっそう深まったのであった。

一八一五年、ワーテルローの戦いで、ナポレオン帝国は没落し、ヨーロッパは二十二年ぶりに平和を取り戻す。だが、この平和は、フランスを破った主役、オーストリア帝国の首相メッテルニヒの策謀によって、真の安定からはほど遠いものとなった。メッテルニヒは、敗戦国とはいえ欧州最強の大国だったフランスのタレーランと手を結んで、ナポレオン没落後の欧州の秩序を自国（オーストリア）とフランスに有利に築き上げようとした。最大のポイントは、プロイセンを中心とするドイツ統一国家の成立を妨害することにあった。オーストリアがドイツ民族以外に多くのスラブ系、イタリア系の住民を統治していることから、自国領土の保全を図るためには、ドイツ民族国家の成立を阻止するのが、唯一の可能な選択だったとも言える。

ウィーン会議後のヨーロッパ（1815年）

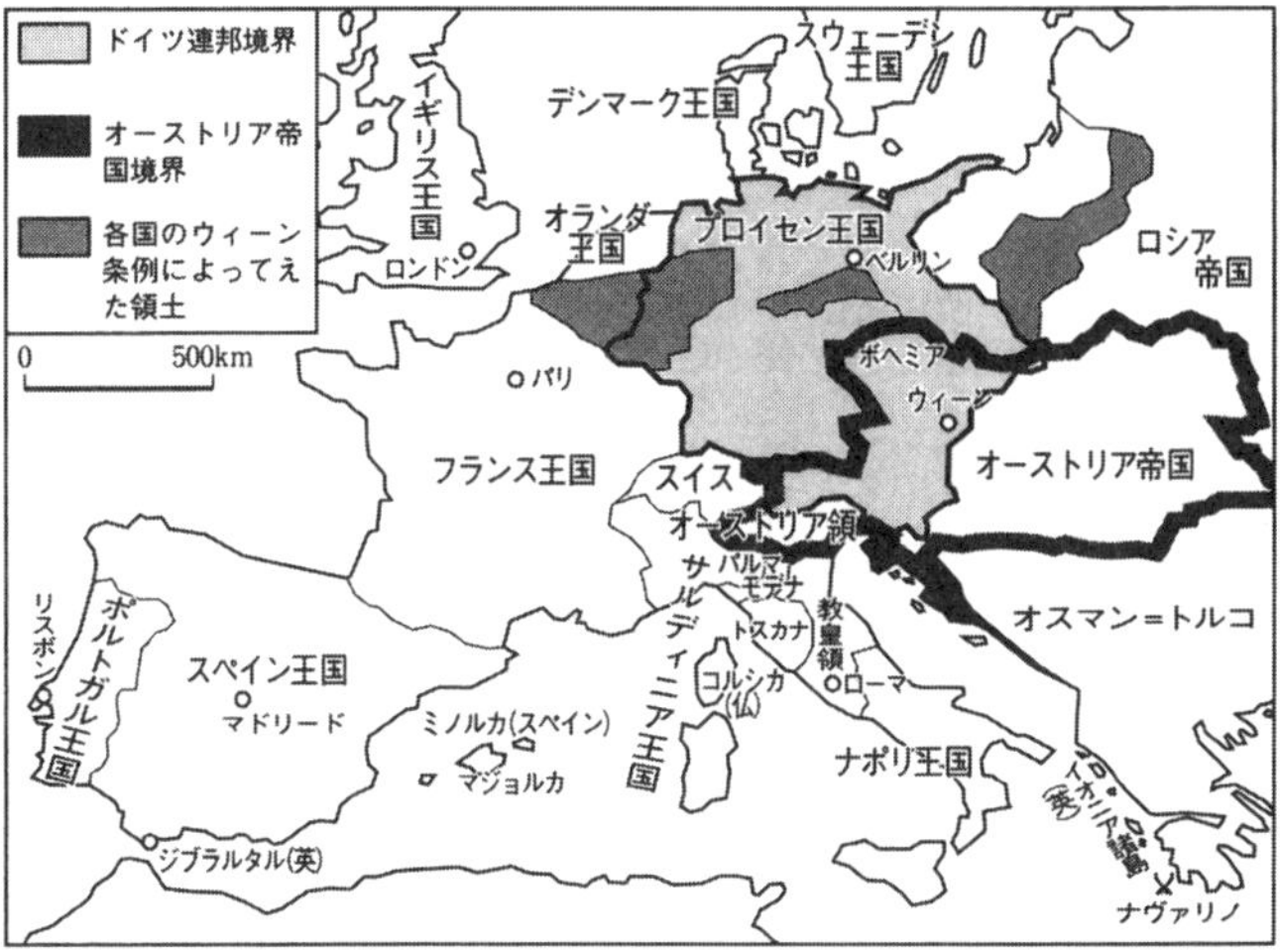

ドイツは、ナポレオン戦争の主要な舞台であり、ほとんど全土が戦場となったうえに、ライン河地方は、フランスに併合されるか、ナポレオンの弟を国王とする独立王国に編入された。ウェストファーレン王国である。この王国を解体するとともに、その領土の大部分はプロイセンに与えられた。ドイツにあった多くの王国のなかで、比較的規模の大きいザクセン王国、バイエルン王国、ヴュルテンベルク王国は別として、多くの小国はプロイセンに併合され、主権を奪われたが、こうした戦後処理の大部分はメッテルニヒの発想によって実施されたのである。

　こうしてプロイセンは戦勝国としてフランス革命以前に比べてより多くの領土を得て欧州の大国としての地位を確立するが、オーストリア帝国の圧力によって相変わらず小国分立の状態のまま放置され、ドイツ民族が一つの国家に統合されるのは遠い先のことであった。

士官学校長として

クラウゼヴィッツは、十八世紀のいくつかの戦争、さらに十九世紀初頭にかけてのナポレオン戦争を目のあたりに見て、それらの教訓を分析し、そのなかから科学的理論を引き出そうとした。最初に参加したのは一七九二年に始まった第一次対仏同盟戦争であり、まだ十二歳の「中隊旗手」だった。次いで一八〇五年、第三次対仏同盟戦争が始まるとともに、大尉として参戦し、プロイセンの敗戦とともにフランスの捕虜となった。講和成立後帰国した彼は、一八一二年ナポレオンがロシア遠征を開始するまで、シャルンホルスト、グナイゼナウとともにプロイセン陸軍の改革に努力する。ロシア遠征の開始と同時に、彼はプロイセン陸軍少佐の職を辞して、ロシア陸軍に移って中佐として参戦し、リガの包囲戦で功績を立てた。

当時のプロイセン軍の制度では、軍内部最高の地位は軍団長（大将）であり、陸軍大臣は軍団長と同格、あるいはそれ以下の地位におかれていた。プロイセン軍はナポレオン戦争後、近衛軍団を含めて九個軍団に編成され、その軍団長である陸軍大将は、プロイセン国王に直属し、いつでもプロイセン国王に拝謁して、報告、勧告を行う強大な権限を与えられていた。クラウゼヴィッツは、そうした軍部の主流の地位にはついていない。

プロイセンの士官学校は、日本で言う士官学校と違って、幼年学校を経て軍隊に入った青年将校のなかから優秀者を選抜して再教育するための機関であり、単なる将校養成のための学校ではない。のちに陸軍大学校と改称されるように、日本で言えば高級将校、あるいは参謀を養成教育する、軍の最高教育機関であった。しかし、実際にはそこでの教育内容は決して今日のように高度のものではなかった。

その士官学校の校長という、いわば閑職についたクラウゼヴィッツが、当時の嵐のような変革の時代における自分の体験を通じて、「永久不変な軍事の理論、戦争の理論」をまとめあげようと考えたのは当然であろう。彼のその意図は、プロイセン軍を「国民の軍隊」に変革しようとした先達たち、シャルンホルスト、グナイゼナウの衣鉢《いはつ》をつぐものであったのである。

軍事制度の違いが勝敗を決した

十八世紀から十九世紀初頭にかけて、フランス軍は欧州全域にわたって強大な勢力をふるった。しかもそのフランス軍は、革命によって成立した、当時としては最も先進的な「国民の軍隊」であり、十八世紀の古い型の軍隊、「君主の軍隊」では対抗し得ない強い戦闘力を発揮した。フランス軍に敗れた体験は、「君主の軍隊」で将校の地位を得ていたクラウゼヴィッツにとって、極めて深刻なものだったのである。

当時使用された兵器は、先込めの「燧石銃《ひうちいし》」、先込めの「青銅砲」であって、十八世紀半ば以降は、ほとんど技術的な改良はなかった。

したがって、兵器の質の差は双方まったくない。それぞれ違ったタイプの軍隊が戦場であいまみえ、勝敗を争ったときに、いわば古い軍隊と新しい軍隊の制度の差があらわになり、それが戦力の違いとなって表面に出てきたのであった。

「君主の軍隊」が遂行しようとした戦争においては、軍隊は君主が欲する政策を遂行するための道具であったが、「国民の軍隊」であるフランス軍は、「国民の利益」を防衛するために戦うのであり、さらにフランス革命がスローガンとして掲げた「自由、平等、博愛」を欧州全体に拡げ、欧州の全人民をフランス人と同じように封建制の桎梏《しっこく》から解放しようとする「革命的理念」に燃えたっていた。

このように、十八世紀から十九世紀にかけては、「兵器」の進歩よりも、むしろ「軍事制度」の大変革が実現した時期であり、それはクラウゼヴィッツの『戦争論』に鋭く反映している。

軍事技術の開花期

クラウゼヴィッツの『戦争論』が世界の注目を集めたのは、一八六六年の独墺戦争、一八七〇年の独仏戦争を通じて、その理論を学んだプロイセン軍が、欧州最強の軍隊であることを証明したためである。

プロイセン軍の近代化は、一八四八年の「ドイツ革命」が終わった後、プロイセンを中心にドイツで急速な進展をした「産業革命」と無関係ではない。鉄道の敷設、電信の普及、近代的な製鉄業あるいは機械工業の発展は、急速な軍事技術の変革をもたらした。十九世紀半ばは、ナポレオン戦争当時と違って、急速な軍事技術の開花期であったのである。現在も有効とされる後装砲《こうそうほう》をはじめ、一連の新式兵器がこの時期に一斉に姿を現わす。

こうした軍事技術の発展は、軍隊の組織、戦闘の方法を一変させる。そしてこのとき、プロイセン軍は、近代軍運用の技術を確立する。つまり、ナポレオン戦争当時のように一人の軍事的天才に依存することなく、膨大な数の兵力を手足のごとく運用するための組織、すなわち「参謀本部」を発明する。プロイセン参謀本部は、その発端が十八世紀にあることはよく知られているが、実際に近代的な用兵作戦立案機関として確立するのは、ヘルムート・フォン・モルトケが参謀総長に就任した一八五〇年代半ば以降のことである。

軍事科学への眼

この時期から、急速に大きな課題として軍人に意識され始めたのは、「戦争」をどのように理解し、かつそれをいかに体系的に把握するか、すなわち近代的な意味での「軍事科学」の重要性である。

それまで「軍事科学」とは、クラウゼヴィッツが『戦争論』のなかで指摘しているとおり、軍隊をどのように運用するか、つまり今日で言う「兵站《へいたん》術」であり、いかに軍隊に食糧、被服、あるいは兵器弾薬を供与し、どのような順序で軍隊を行進させ配置するか、さらにどのような天候のもとで、どういう地形が軍隊にとって戦闘するのに最適であるかなど、いわば軍隊を戦場に連れていき、そこで戦闘を準備させるための技術が中心であった。

だが、これはあくまでも軍隊の一つの側面であるに過ぎない。軍隊は、単に行軍し、戦場に急ぐだけがその役割ではない。その軍隊を使って、どのように敵と交戦し勝利をおさめるか、その技術こそ「軍事科学」の本体であるという認識が必要である。しかし、そういう考え方は十九世紀半ばまで欧州の先進国にすらなかったのである。

「教科書」としての『戦争論』

さらに重要なこととして、当時「国民の軍隊」は次第に成熟し始めていたが、まったく軍事教育を受けていない青年をいかに軍隊に徴集し（徴兵制）、これを一人前の軍人に仕立てあげるか（教育する）、また軍隊を管理し、運用する指揮官（将校）をどのように募集し、どんどん規模が拡大されていく軍事力を集中的に管理、運営するための技術を彼らにどのように教育するか、という課題があった。

どのような社会においても、教育には「教科書」が欠かせない。それは、その職業にとって必要最低限度の知識を体系的、組織的に教えこみ、かつその応用を可能にする訓練を与える。この指揮官（将校）の教育に欠かせない最も重要な「教科書」が、クラウゼヴィッツの『戦争論』であった。

この書物の最大の特徴は、戦争のあらゆる面にわたる現象を極めて明快に、かつ体系的に記述していることである。同時に、そこで展開されている理論は、直近の大戦争である十八世紀から十九世紀にかけてのナポレオン戦争の体験をふまえたものであり、この経験に基づいて次の戦争に備えることができ、当時としては、最も有効な指揮官（将校）の「教科書」であった。

プロイセン軍の将校たちは、クラウゼヴィッツの『戦争論』という優れた教科書によって教育され、その結果、彼らは戦場におもむく際、一糸乱れず中央部（参謀本部）の指揮、命令に服して、手足のごとく軍隊を運用する大きな能力を発揮することができた。それは、プロイセン将校が他国の将校に比べて、『戦争論』によって「軍事科学」における統一した思想を教えられていたからにほかならない。

モルトケの偉大さ

一八七一年、プロイセン王国を筆頭として成立したドイツ帝国は、もちろんのことその誕生を、プロイセン陸軍の勝利に負っている。すなわち、モルトケ参謀総長の指揮するプロイセン陸軍がなければ、ドイツ帝国の成立はあり得なかったのである。ドイツ帝国の生みの親としてのプロイセン陸軍、その最高指導者としてのモルトケの名声が、世界的に高まったのは言うまでもない。

モルトケの指導するプロイセン参謀本部は、平時にあっては二つの機能を果たす。その一つは、戦時に備えて作戦計画を準備し、その実行に必要な各種の資料（例えば地図）を整備し、いつ開戦となっても整然と実行ができる「動員計画」を整備すること、戦時にあっては、百万を超える大軍を指揮統率して、一糸乱れず広い範囲の戦場にわたって作戦を展開する指揮能力を確保すること、である。第二は、こうした「軍の頭脳」としての参謀本部を構成する将校たち（参謀将校）を教育するとともに、第一線に働く軍隊の指揮官、参謀を平時から世界最高の水準にある軍事科学で理論武装させる、すなわち将校の教育に全力をあげることであった。言いかえれば、この参謀本部は、平時、戦争における「軍の頭脳」としての機能、軍の指導者を養成する「学校」としての二重の機能を備えていたのである。

モルトケの偉大さは、まさしくこうした「参謀本部」をあらゆる障害を排除して建設したことにある。この際の、彼の指導方針の基準が、クラウゼヴィッツの『戦争論』であった。

十九世紀の後半にいたって、『戦争論』は、英語訳、フランス語訳、イタリア語訳、ロシア語訳など、各国の翻訳が出始める。すなわち、『戦争論』は万国共通の「高等軍事教科書」となったのである。

第二節　『戦争論』の理論と枠組み

「戦争」の理論的基礎

クラウゼヴィッツは、この『戦争論』において何を言いたかったのであろうか。彼は、十八世紀から十九世紀にかけてのナポレオン戦争にプロイセン軍の軍人として従事し、そこで、当時としては最も新しい「国民戦争」の実態を体験した。その厳しさを通じて、彼は、それまで試みられたことのない「戦争」の理論的基礎を打ち立てようとしたのであった。

『戦争論』は、「第一篇　戦争の本性について」「第二篇　戦争の理論について」「第三篇　戦略一般について」「第四篇　戦闘」「第五篇　戦闘力」「第六篇　防御」「第七篇　攻撃（草案）」「第八篇　戦争計画」と、八篇から構成されている。このなかで最も分量の多いのは、第六篇である。以下、篠田英雄訳の岩波文庫版（上中下）をもとに進めていきたい。

クラウゼヴィッツの方針

クラウゼヴィッツの『戦争論』は未完成である。彼の死後、発見された草稿を整理して刊行したものだけに、そのすべてが完全なものでない。死後残された遺稿のなかに発見された「方針」で彼は、まず「戦争」をそれぞれ目的を異にする二通りに区別している。

その第一は、敵の完全な打倒を目的とする戦争である、なおこの場合に国家としての敵国を政治的に抹殺するか、それとも単に無抵抗ならしめ、従ってまた我が方の欲するままの講和に応ぜざるを得なくするかは問うところでない、――また第二は、敵国の国境付近において敵国土の幾許かを略取しようとする戦争である、なおこの場合に、略取した地域をそのまま永久に領有するか、それとも講和の際の有利な引換え物件とするかは問うところでない。言うまでもなくこれら二種の戦争の間には、種々な中間的段階がある、しかし両者の追求する目的がまったく性質を異にするものであるということは、いかなる場合にも徹底していなければならないし、また両者の相容れない性質を截然《せつぜん》と分離せねばならない。（上・一三一―四頁）

この「方針」に示されている本書の構成では、第一篇と並んで、「戦争計画、即ち戦争全体の計画を一般的に論究する第八篇」で「少なくとも私は、戦争においては何が重要な問題であるのか、また戦争に臨んで本来考察されねばならぬところのものはなんであるかを、この篇において明示したい」（上・一四―五頁）と述べているように、第八篇に著者は大きい努力を傾けたことがうかがえる。

本書を読んでいく際にも、著者の意図を正確に理解しようとするなら、この構成にあたって著者がどこに重点を置こうとしたかに、十分考慮する必要があるのは言うまでもない。

「非武装中立論」は百八十年前に論破されていた

『戦争論』の出発点であり、かつ最も整理された形で記述されている、「第一篇　戦争の本性について」「第二篇　戦争の理論について」は、それぞれ八章と六章からなり、この部分は現在においても熟読玩味するに値する、最も大切なポイントが述べられている。

「第一篇第一章　戦争とは何か」の第三節「極度の強力行使」のなかで、クラウゼヴィッツは次のように言う。

ところで人道主義者たちは、ややもすればこういうことを言いたがるのである、――戦争の本旨は彼我の協定によって相手の武装を解除し或は相手を降伏させるだけでよいのである、なにも敵に過大の損傷を与えるには及ばない、そしてこれが戦争術の本来の意図なのである、と。(中略) しかし我々はかかる謬見《びゅうけん》を打破しなければならない。戦争のような危険な事業においては、善良な心情から生じる謬見こそ最悪のものだからである。物理的強力の全面的行使と言っても、それは決して知性の協力を排除するものではない、それだからかかる強力を仮借なく行使し、流血を厭《いと》わずに使用する者は、相手が同じことをしない限り、優勢を占めるに違いない、こうして彼は自己の意志を、いわば掟として相手に強要するのである。しかし彼我双方が、いずれも相手に対して同じことをするならば、彼我の強力行使は次第に昂《こう》じて極度に達することになる。もしこれを制限するものがあるとすれば、それは戦争に内在して、強力の絶対的な発揮を阻止するような諸種の対抗物にほかならないのである。

我々は戦争をこのようなものと見なさねばならない。戦争に含まれている粗野な要素を嫌悪するあまり、戦争そのものの本性を無視しようとするのは無益な、それどころか本末を誤った考えである。(上・二九―三〇頁)

かつて日本で流行していた、いわゆる「非武装中立論」、あるいは「戦争になれば日本はただちに無条件降伏することが正しい」といった議論が、ここですでに、百八十年も前に、クラウゼヴィッツによって論破されていることを読者は発見するに違いない。

冒頭の第一篇第一章は、戦争がどれほど危険なものであるかということ、それと同時に、こうした強力の行使をめぐる人類の「業《ごう》」とでも言うべき性格について記述されている。クラウゼヴィッツは極めて冷静な表現を使っているが、その背後には十八世紀から十九世紀初頭にかけての幾多の戦争で流された、数百万人の血と涙についての思いが秘められている。しかし彼は軍人である。戦争による多くの犠牲者に対して、いたずらに感傷的な追憶を捧げる代わりに、「戦争」の本質をえぐり出して、次の時代にはより優れた軍隊を作りあげるための教訓となる原則を引き出し、自ら仕える国家に貢献しようと考えたのである。彼は極めて冷静にかつ客観的に「戦争」という対象について記述している。この個所において、すでにクラウゼヴィッツの天才ぶりが証明されていると言ってよいだろう。

「戦争は一種の強力行為であり、その旨とするところは相手に我が方の意志を強要するにある」。（上・二九頁）という原則をはじめ、「第一篇　戦争の本性について」では、戦争という社会的現象の本質について、いかなる時代においてもそのまま適応し得るいくつかの基本的原則が、極めて簡潔に、かつ完成された形で提示されている。

戦争の基本的作用

さて、人間の闘争には、激しい敵対感情を伴う。「戦争」を含めて、闘争に伴う要素としては、敵対感情と敵対的意図である。闘争についてクラウゼヴィッツは次のように述べている。

人間のあいだの闘争は、本来両《ふた》つの相異なる要素から成っている、即ち敵対感情と敵対的意図とである。我々はこの両要素のうち後者即ち敵対的意図を、我々の定義の特徴として採択した、このほうが前者よりもいっそう一般的だからである。我々は本能的とさえ言えるほどの最も粗野な激情的憎悪にして、敵対的意図を伴わないようなものを思いみることができないのである。（上・三二頁）

そこでは、「戦争」を含む人間の闘争として次の基本的な作用がある。

「戦争は一種の強力行為である、そしてかかる強力行使には限界が存しない。それだから交戦者のいずれもが自己の意志をいわば掟として相手に強要するのである。そこで彼我のあいだに交互作用が生じ、この交互作用は、理論的に言えば、極度に達せざるを得ないの

である」。これが戦争における第一の交互作用であり、また我々の経験する第一の極度である。（第一の交互作用）（上・三二頁）

さらに「戦争は常に二個の生ける力の衝突である」（上・三三頁）。そこにまた交互作用が生じる。

つまり我が方が敵を完全に打倒しない限り、敵が我が方を完全に打倒することを恐れねばならない、そうなれば我が方はもはや自主的に振舞うことができなくなり、敵は彼の意志をいわば掟として我々に強要することになるのである。これが即ち第二の交互作用であり、この作用はついに第二の極度に達するのである。（第二の交互作用）（上・三四頁）

戦争に勝つための秘訣

それでは、「戦争」に勝つには、我が方の力の使用をどこまで高めればよいか。この点についてクラウゼヴィッツは次のように述べている。

敵を完全に打倒しようとするならば、我が方の力の使用を敵の抵抗力と見合わせねばならない。ところで敵の抵抗力は、互に分離され得ない二個の要因によって示される、その要因というのは、即ち現存する資材の量と意志力の強さとである。

現存する資材の量は比較的容易に決定されるだろう、かかる量は（たとえ全体でないまでも）数字で示され得るからである。しかし意志力の強さの方は遥かに決定しにくい、これは戦争の動機の強弱によって評価するよりほかはあるまい。とにかくこうして敵の抵抗力をかなり確実なところまで知ることができたならば、我が方の力の使用をこれと見合わせることができるわけである、即ち我が方の力を増大して敵よりも優勢ならしめることもできるし、さもなくて我々の能力が不十分な場合にはできるだけこれを増大することもできる。しかし敵もまた我が方と同じことをすれば、またしても彼我双方は力を競い合うから、双方の力の使用は、それぞれの側の単なる思いなしからにもせよ、再び極度に達せざるを得なくなる。これが即ち第三の交互作用であり、また我々の経験する第三の極度である。（第三の交互作用）（上・三四―五頁）

ここに著者が述べているのは、「戦争」を抽象的に考察した原則である。現実の世界では、事情がまったく異なってくる。ただし、次の三つの条件が成立する場合には、現実の「戦争」も抽象のそれと一致する。

一、もし戦争がまったく孤立した行動であるとすれば、即ち戦争は突然勃発する行動であって、それ以前の国家生活といささかの繋《つな》がりもないとすれば、
二、もし戦争がただ一回の決戦、もしくは同時に行われる数個の決戦から成るとすれば、
三、もし戦争が、それ自体完結している一回の決戦を含むだけであり、それに続いて起きる筈の政治的状態に対する顧慮が、現に行われている戦争に影響を及ぼさないとすれば。（上・三六頁）

具体的な「戦争」では、力を極度に行使する代わりに、力の使用に対する限度を確認することが、彼我双方の判断の基準になる。

こうして彼我双方が、いずれも相手がたの性格、施設、現状および諸般の関係に基づき、「確からしさの法則」に従って相手の行動を推定し、これを規準として我が方の行動を決定するのである。（上・四二頁）

そこでは、再び「戦争は政治におけるとは異なる手段をもってする政治の継続にほかならな

い」とする「戦争の政治的目的」が登場するが、これについては、前述したので省略する。

戦争の唯一の手段は戦闘である

「戦争」の目的を達成する、すなわち敵に自らの意志を強要しこれに従わせるとはどのような意味であるかを考えるのに必要な要素は、次の三つである。

これらの物は戦争における一般的要因として、それぞれ自余いっさいの要素を包括しているからである、それは――第一に戦闘力、第二に国土および第三に敵の意志である。

（上・六四頁）

戦争を遂行する唯一の手段は戦闘にほかならない。ところが戦闘を適用する仕方は種々様々であるから、そこで戦争は種々様々な目的に応じて有りとある雑多な様相を呈するわけである。すると我々としては、戦闘に関する上述の考察によってなんら得るところがなかったかのように思われる。しかし実際にはそうでない、このように戦争の手段は唯一であるという根本的な見解から一筋の糸が発し、この糸は我々が戦争を考察する場合に、軍事的行動といういわば織物全体を縦横に貫ぬき、かつまたその織目を整然と保っているの

である。（上・八〇頁）

現実の「戦争」では、多くの複雑な要素がからむように見えるが、結局のところ問題を整理するなら、クラウゼヴィッツは次のように要約する。

第一に、戦争においては、目標に到着する道、従ってまた政治的目的を達成する道は、数多くある、ということである。第二には、それにも拘《かかわ》らず戦闘こそ目的を達成するための唯一の手段である、ということである。第三は、そのためには一切が最高の法則、即ち武力による決定という法則に従わねばならない、ということである。第四には、実際に敵が武力による決定に訴える場合には、我が方としてもこれを拒否し得ないということである。また第五に、我が方が決戦とは別の方法を取るのは、敵もまた決戦に求めないか、或は敵が決戦に訴えたところで結局この最高法廷において敗れるに違いないことを確信している場合に限られる、ということである。約言すれば、敵戦闘力の撃滅こそ、戦争において追求され得る一切の目的のうちで最も卓越した目的と見なされ得る、ということにほかならない。

なお軍事的行動については、これとは別種の組合せが可能である。そしてこれらの組合せが戦争において何を成就し得るか、ということはのちに述べることにしよう、またそれがどのようなものであるかは次第に判ってくることと思う。それだからここでは、一般にこの種の組合せは、現実が戦争の純粋な概念から乖離した場合や、或は特殊な情況においてのみ生じ得るものであることを指摘するにとどめておく。それにしてもすでにここで流血を伴う決戦によって危機を解決すること、換言すれば敵戦闘力の撃滅を旨とする努力を、戦争の嫡出児《ちゃくしゅつじ》と認めないわけにいかない。（上・八六―七頁）

戦争術とは何か

「第二篇　戦争の理論について」は、六章からなっているが、そのなかの最も重要な記述は、「第一章　戦争術の区分」である。このなかで彼は、戦争術を、「即ち武装され装備された戦闘力を闘争において使用する術である、そしてこの意味の戦争術には、戦争指導という名称が最も適している。これに反して広義の戦争術には、戦争のための一切の活動が属することになる、従ってまた戦闘力を創設するに必要な全般的活動、即ち徴兵、武装、装備および訓練が属するわけである」（上・一四一―二頁）と述べて、戦争術を、最も広い範囲にわたっての戦争を準備し、遂行するための術と考えるべきであると指摘している。したがって、戦争術には、単なる「武装され装備された戦闘力を闘争において使用する術」というだけではなく、こうした戦闘力をどのようにして建設するかという側面も含まれているのである。

現在の軍事科学に照らして言えば、例えば兵員の徴集、教育にかかわる部門、さらに部隊の編成、装備といった兵力を創り出すための技術が戦争術の重要な項目であり、また、こうして建設された「武装力」即ち「軍隊」を戦場にどのように輸送し、集結し、戦闘のために展開していくか、ということもまさしく戦争術の重要な項目となっている。

さらには、軍隊が必要とする食糧や衣料品、医療活動など、サービスの供与をどのように保障するかという「補給活動」のやり方もそのなかに含まれている。第二次世界大戦で各国の軍隊が経験を通じて学んだ重要な教訓の一つは、軍隊を構成する人間に強い戦闘意欲を燃えたたせることの大切さであった。そのために昇進あるいは勲章の授与、さらにまた休暇といった人事面での軍隊管理制度の改善が大きな課題になったのであった。これも戦争術の一部なのである。

軍事行政への視点

つまり、第二篇では、戦争遂行の理論的根拠の研究だけではなく、こうした複雑多岐にわたる「軍事行政」面での理論が展開されているのである。

当然のことながら、こうした「軍事行政」は一国の人口、資源、さらに経済力によって大きく左右される。軍隊をどのように使用するかという「軍事思想」（あるいは「兵学思想」）によって、実はこうした「軍事行政制度」が大きく変化するというのも、第二篇を読み通す際に見落としてはならない重大な点である。

さらに言えば、こうした「軍事行政制度」には軍隊を保有する国家の政治制度、社会制度、経済制度がそのまま強い影を投げかける。軍隊以外の政治、経済、社会での変化を十二分に読み取り、かつ活用しないと、その国に最も適合した「軍事行政制度」を実現することは不可能である。

あとで詳しく述べるが、戦前の日本で「軍事科学」研究が著しく立ち遅れたのは、実は軍人、その中核である現役将校の教育を極度にせまい「軍事学」一本に集約してしまい、いまあげた政治、経済、社会全般にわたる広い視野の養成を拒否したことと少なからず関連している。

この意味で、第二次世界大戦前の、少なくとも日本陸軍は『戦争論』を本当に理解していなかったという他はあるまい。

クラウゼヴィッツの天才ぶりは、十九世紀の初頭において、つまり産業革命がようやく本格的に始まったばかりの時点において、「国家総力戦」に近い形態の戦争を予測し、それに適合するための「戦争術」を見事に予見していたことにあると言えよう。

軍事教科書としての限界

「第三篇　戦略一般について」「第四篇　戦闘」「第五篇　戦闘力」「第六篇　防御」「第七篇　攻撃（草案）」の五篇については、現在の読者には極めて理解しにくい側面がある。第一篇、第二篇で展開した基本原則を「教科書」の形で具体的に展開しようとすれば、それは著者のクラウゼヴィッツが生き、闘った時代の制約を強く受けざるを得ないからである。例えば「第三篇第一七章　近代戦の性格について」を見てみよう。

　国民の総力を挙げて遂行される近代戦が、彼我の常備軍のあいだの関係だけを目安にして一切の計画を立てる往時の戦争とは異なる諸原則に従って準備されるのは当然である。さなくとも既往の常備軍は艦隊に似ていた、従ってまた陸軍と国家との関係は、海軍と国家との関係に類していた。それだから当時の陸軍の戦争術は、いくぶん海戦術に似たところがあった。しかし今日では、陸軍の戦争術はそのようなものを一物も残さず排除しているのである。（上・三四〇頁）

二十一世紀の世界は、それ以前の時代とは大きく変化が発生した。とくに、二〇〇一年九月十一日の同時多発テロ以後の世界は、二十世紀の世界とは質的に劇的な変化が発生した。もはや、二十世紀と同じ世界体制はない。米国を中心とする国際秩序が確立し、世界のどの国もそのなかに組み入れられ、相互間で武力に訴えた行動はまったくとれなくなった。この意味では、古典的な定義による戦争は消滅したのである。

第三篇から第七篇にいたる五篇は、あくまでもクラウゼヴィッツが執筆した当時に適合する「軍事学教科書」として理解しなければならない。この部分は、時間の制約があるなら、必ずしも精読する必要がないと言ってよいだろう。

このことからもわかるように、刊行されてから百八十年を経過する間に、『戦争論』の与える影響力は大きな変化を見せてきた。『戦争論』が発刊された直後、すなわち十九世紀半ば過ぎまでは、第三篇から第七篇までの五篇は、当時の「軍事科学」にとって最先端をいくものであった。したがって当時の「高等軍事学教科書」として、この部分は最も重視され、また研究されたと見て間違いない。だが、それからさらに百六十年あまり経過した今日では、その内容が現実の技術水準、あるいは政治制度と適応しないために、必ずしもこだわる必要がない部分が増えてくる。それはまた、「古典」の持つ制約の一つでもある。

『戦争論』が膨大な著作であることは誰しもよく知っている。そのなかでの読むべき部分を批判的に取捨選択する作業は、「軍事科学」を研究しようとする人々にとって重要なことである。

「第八篇　戦争計画」の重要性

「第八篇　戦争計画」については、他とはまた違った角度から見直されなければならない。九章からなるこの第八篇では、「第二章　絶対的戦争と現実の戦争」が極めて多くの示唆に富んでいるばかりでなく、第一篇、第二篇につらなる、最も重要な結論として熟読に値する。

第一篇、第二篇に基礎を置いて展開されてきた『戦争論』は、具体的な内容を第三篇から第七篇まで展開し、第八篇において「戦争計画」という形でこれまでの記述を総合している。「第八章　制限された戦争目標（続き）防御」、並びに「第九章　敵の完全な打倒を目標とする場合の戦争計画」で、クラウゼヴィッツはフランスに対する戦争計画を具体的に展開しているが、当時彼にとってそのことが最も重要な課題であった。ドイツの統一という課題を軍事的に解明したものとして、まことに注目に値する労作である。

第八篇の目的は、「戦争を全体として考察する」ことにある。クラウゼヴィッツは自らの経験をふまえて、すなわちフランス革命に対する欧州君主国からする反革命戦争、ナポレオンとの一連の戦争を通じて、プロイセンの犯した多くの誤りの原因を探究すると同時に、そこから引き出した教訓を基礎にして、論究を進めている。

以下の諸章は、戦争に関する総括的問題の解明を事とし、本来の戦略とその最も全般的でかつ最も重要なものを含んでいる。今や我々は戦略の領域の最も深奥《しんおう》な場所に足を踏み入れようとしている、戦争を貫ぬく自余いっさいの糸は、まさにここで相合するのである。ここにおいて我々は、ひそかに心のときめきを感ぜざるを得ない、とは言えかかる畏《い》懼《く》の念の生じるのもまことに道理である。（下・二五七頁）

第一に、「戦争計画」の重要性をクラウゼヴィッツは、次のように論ずる。

戦争計画は全軍事的行動を剰《あま》さず総括する、またこの軍事的行動は戦争計画によって、究極目的を有する統一的行動となる、そして一切の特殊的目的は、この究極目的と見合せておのおのその処を得るのである。戦争によって、また戦争において何を達成しようとするのか、という二通りの問いに答えずして、戦争を開始する者はあるまい、また――当事者にして賢明である限り、――戦争を開始すべきではあるまい。この問いの第一は戦争の目的に関し、また第二は戦争の目標に関する。

これら二件の主要な思想によって、軍事的行動の一切の方向、使用さるべき手段の範囲、戦争を遂行する気力の程度が規定されるのである。そして戦争計画は、軍事的行動の

極く些細な末端にまでその影響を及ぼすのである。（下・二六〇頁）

ナポレオン戦争の教訓

しかも、十八世紀の欧州では、政治そのものが混乱していたために、明確な「戦争計画」そのものが存在しなかった。その混乱から一歩脱け出て、絶対的戦争に近い現実の戦争があり得ることを教えたのは、ナポレオンの天才であった。

戦争は元来、一国の知能であるところの少数の政治家および軍人によって発起せられる。そしてこの人達なら、彼等の目標をしっかりと見定めて、戦争に関する一切の事項をいちいち点検することができるだろう。しかしそのほかにも国家の要務に携わる多数の人達があり、かかる場合には、この人達の存在も無視するわけにいかない、とは言えかかる人達がすべて当局者と同じ立場にたって、一切の事情を諒解し得るとは限らないだろう。そこで反目や軋轢《あつれき》が生じ、この困難を切りぬけるには、多数の反対者を圧服するような力を必要とする、しかしこの力は十分に強力でないのが通例である。

かかる不一致は、彼我両国のいずれかに生じるし、或はまた双方に生じることもある。いずれにせよ戦争が、本来の純粋な概念とは異なるもの、即ち中途半端な物、内的連関を欠く物となった原因はまさにここにある。

我々がこれまで見聞したところの戦争は、殆んどすべてこのようなものであった。もし我々が、絶対的戦争を彷彿させるような現実の戦争を、今日この眼で見なかったとしたら、戦争の絶対的本質なるものの概念は、とにかく実在性をもつものである、という我々の主張に疑いをさし挟む人があったかも知れない。フランス革命戦争という短い前奏曲ののちに、勇猛果敢なナポレオンは忽ちにして戦争をこの点まで発展させたのである。ナポレオンのもとで、戦争は敵を完全に打倒するまで間断なく進行し、従って敵の反撃もまた間断なく行われた。かかる現象が、厳密な論理的帰結に従って我々を戦争の本来の概念に立ち帰らせたのは、自然でありまた必然的ではあるまいか。（下・二六二―三頁）

彼の偉大さは、十八世紀の「内閣戦争」を十九世紀の「国民戦争」に転化させたことにある。

この二通りの事情のあいだに、これほど著しい差異の生じた理由は、戦史を精考すれば明白である。十八世紀のシュレージエン戦争当時は、戦争はまだ内閣にのみ関する事であり、国民は意志をもたない道具としてこれに参加したにすぎなかった。彼我双方の国民が戦争において重きをなすに到ったのは、十九世紀になってからのことである。またフリードリヒ大王を敵とした将帥達は、いずれも君主の依託を受けて戦った軍人であった、さればこそ彼等は、何よりもまず慎重を旨としたのである。ところが十九世紀の初頭にオーストリア軍およびプロイセン軍が相手に廻した将帥は、一言で尽せば――軍神そのものであった。(下・二七〇頁)

ここでクラウゼヴィッツは、歴史的な概観を試みて、国民と軍隊との関係の変化について論述している。そのなかで「いかなる時代もその時代に独特の戦争を行い、戦争に制限を加える独自の条件を具備し、また独特の拘束を蒙《こうむ》っていた事実を明らかに」している。

敵を打倒する条件

さて近代戦における目標となる敵を完全に打倒する条件は、

多数の経験に徴すると、敵を完全に打倒するための条件は、次のような情況であるように思われる、

一、敵側で、軍が重心を成すような場合には、軍を粉砕する、

二、敵国の首都が国家権力の中心地であるばかりでなく、政治的団体や党派の所在地である場合には、首都を攻略する、

三、敵の最も主要な同盟者が敵よりも有力である場合には、この同盟者に強力な攻撃を加える。（下・二九七―八頁）

この目標を達成するまでに至らなくとも、政治的な目的を実現することもあり得る。「戦争は政治的交渉の一部であり、従ってまたそれだけで独立に存在するものではない」（下・三二六頁）からである。ここで言う政治とは、「社会全体の一切の利害関係の代表者と見なしてよい」（同・三三〇頁）。

すると残るところは次の問題だけである。戦争計画において、政治的立場は純然たる軍事的立場（仮りにこのようなものがあるとすれば）に席を譲らねばならないのか、換言すれば政治的立場はまったく消滅するのか、それとも軍事的立場に従属するのかどうか、或は政治的立場が常に支配的であり、軍事的立場はこれに従属せねばならないのかどうか、という問題である。（下・三三二頁）

この両者の関係は、「軍事的観点を政治的観点に従属させるよりほかはない」（下・三二一頁）。

戦争における重大な事件やかかる事件の計画は、純軍事的な判定にまかせるがよいという主張は、政治と戦争とを截然と区別しようとする許し難い考え方であり、それどころか有害な考え方でもある。実際、戦争計画を立案するに際して、まさに内閣の為すべきことを軍人に諮問し、この計画に対する純軍事的判断を求めようとするのは、不合理極まる遣り方である。しかしもっと不合理なのは、一派の理論家輩の主張である。つまり彼等は、国家の現有する戦争手段は、これに基づいて戦争或は戦役に対する純軍事的計画の立案に資するために挙げて将帥にゆだねよ、と要求するのである。今日の軍事機構は甚だしく多種多様であり、また著しく発達しているにせよ、しかし戦争の要綱は必ず内閣によって、換言すれば軍事当局ではなくて政治当局によってのみ決定されねばならぬことは、普《あま》ねく経験の示すところである。（下・三二二―三頁）

ここに示されている考え方は、現代の用語を使うなら、「文民統制」ということである。クラウゼヴィッツの時代においては、現代的な意味での「文民統制」という用語はなかったが、彼は「戦争指導」の責任を負うものは、「内閣」であって軍事当局ではないと言い切った。

首相の条件

さらに彼は、政治の全責任を負うべき首相たるの人物に求められる資格として、

書類の処理に没頭している陸相、学識ある技術将校、或は野戦に堪能な軍人が、それだけの理由で立派な首相になれるなどと考えるものではない。換言すれば、我々は軍事に対する洞察が首相の主たる特性であるなどと言っているのではない。宏大、卓抜な知力と強固な性格――これが首相の具有せねばならぬ主要な特性なのである。（下・三二四頁）

と述べている。この指摘は、第二次世界大戦中に日本政府の首相を務めた東条英機大将を指しているのではないかと思われるほど、迫真性がある。

クラウゼヴィッツは、多くの敗戦によって辛酸な経験を味わった。その反省は、彼にこう語らせている。

それだから我々はこう言ってよい、――フランス革命の二十年(1)に亘《わた》る戦勝は、革命に反

対した諸国の政府によって行われた誤れる政治の結果である、と。（下・三二七頁）

（1）フランス革命戦争（1792-1801）から、一八〇九年までのナポレオン戦争とを合せて二十年と言ったのであろう。

この記述から窺《うかが》えるように、クラウゼヴィッツはナポレオンに敗れた欧州諸国の政治家、君主たちにまったく同情していないどころか、彼らの蒙昧《もうまい》さに強い反発を示している。いまでこそプロイセン陸軍近代化の父として崇められているとは言え、当時は「ジャコバン派」として宮廷に嫌われたシャルンホルスト、グナイゼナウの系列に属する軍人として、クラウゼヴィッツはプロイセン陸軍の実権を握っていた保守派と徹底して対立する決意を固めていたのである。別章でも触れるように、彼が二十世紀に入って、革命運動家たちに高く評価されたのも、彼の論調に含まれている反体制的な色彩が大いに関連している。ソ連で、スターリンが独裁体制を確立するとともに、クラウゼヴィッツの研究が低調になったのも、この点と無関係ではない。

軍人としての熱情を持って

このことからもわかるように、クラウゼヴィッツは、決して単なる「教科書」として『戦争論』を書いたのではない。彼はあくまでも具体的に、プロイセンの軍人として自国の政治的立場、欧州の強国としての政治的目標をどのようにして軍事的に実現するかについて、詳細に検討を加えているのである。そこに、十九世紀初頭のプロイセン王国に仕える軍人として、自らの義務に忠実であった彼の姿が浮き彫りになっていると見ることもできよう。

軍人は決して抽象的な存在ではない。自分の属する軍隊に、したがってまた国家に、尽きることのない忠誠心を示すことが最低限度の「職業的倫理」である。この点に欠ける単なる「戦争屋」としての軍人は、本来の意味の軍人ではない。それはただの「傭《やと》い兵」に過ぎないことを、クラウゼヴィッツは最後の章においてはっきりと述べている。

こうした政治的熱情が、実は軍人という職業に本来伴うものなのである。自らの政治的立場をまったく無視して、ただ「客観性」を追求する狭い意味の「専門家」は、本来の軍人としての役割を果たし得ないのだということを、ここから学びとることができるに違いない。「軍事科学」の研究は、ただ国際情勢や自国の軍事政策を客観的に論ずる道具としてあるのではない。自ら属する国の将来を心から憂い、かつ真剣にその安全を願う国民の一人としての決意がその背後になければならない。「軍事評論家」は、自らの国籍を無視しては存在しないことも、クラウゼヴィッツは『戦争論』を通じて今日のわれわれに教えてくれている。

第三節　「戦史」の持つ意味

戦史を重要視

『戦争論』の持つ一つの大きな特徴は、クラウゼヴィッツが自ら体験し、あるいはまた彼以前の世代が経験した十八世紀後半から十九世紀初頭にかけての多くの戦争の歴史、すなわち「戦史」を、その理論構成の際の素材として、極めて重要視していることである。クラウゼヴィッツは、「戦史」の重要性について次のように述べている。

ここで問題は第一に、戦略はどうしてこれらの研究事項を剰すところなく枚挙できるか、ということである。もし実状に疎《うと》い哲学的研究によって所求の成果を収めようとするならば、かかる研究は戦争指導およびその理論の論理的必然性を不可能ならしめるような夥《おびただ》しい困難に巻き込まれざるを得ないだろう。そこで戦略は、戦史がすでに指摘しているところの種々な組合せを考察の対象とするのである。言うまでもなくこの場合に戦略は、戦史に記載されている事態にしか適合しないような制限された理論になるだろう。しかしかかる制限は、しょせん避けることのできないものである、いずれにせよこのような理論の論述するところは、戦史から抽出されたものであるか、さもなければ少なくとも戦史と比較されねばならないからである。（上・一七八頁）

そのほとんどは、今日からははるかに遠い、過ぎ去った時代の戦争である。十八世紀にプロイセン王フリードリッヒが展開した第一次、第二次のシレジア戦争、あるいは十九世紀初頭のナポレオン戦争の戦史は、クラウゼヴィッツが『戦争論』を書いた時点では、まだつい昨日の出来事であった。クラウゼヴィッツは、実例として自分の生きた時代の戦争をとりあげた理由として、次のように述べている。

上述した通り、歴史的実例を使用する必要と、またかかる使用に際して生じた種々な困難とを考え合せるならば、戦例を選択する範囲を最近の戦史に限ることは当然であろう、なお最近の戦史と言っても、それは精確に知られまた十分に整頓されたものでなければならないことは言うまでもない。（上・二四六頁）

今日、第二次世界大戦が終わってからすでに六十九年を経過し、その間に「戦争体験」が次第に「風化した」と言われているが、そのことはまた一方では、客観的な「戦史」の記述が、初めて可能になったということを意味している。

戦史の持つ役割

「戦史」は、単に戦争の教訓を学ぶという消極的な役割を受け持つだけではない。陸海空軍の将校を教育する際の最も重要な教材としても重視される。クラウゼヴィッツによると、「戦史」とは、「相手方が霧の中に包まれている」状態で、また味方が、「同じように曖昧模糊《あいまいもこ》とした情勢」にあるときに、敵と闘うことを強要される指揮官がどのような経験をし、どのように決断をくだしたかを、正確な資料に照らして跡付けていくことである。それによって、戦争の持つ一つの側面、すなわち予測しがたく、かつまた戦闘前には考えられもしなかった情勢の突然の変化にどのように鋭く正確に反応したらいいかを知ることができる。「戦史」は、指揮官に欠くべからざる精神的素養、すなわち情勢判断とこれに基づく決断力を養成するための欠かすべからざる教材なのである。十九世紀前半まで欧州諸国の陸軍に勤務していた将校にとって、それは何ものにもかえがたい貴重な指揮官教育の「教科書」だったに違いない。

しかし、やはり、「戦史」の部分も、今日取捨選択の対象にせざるを得ない。今日ならば、むしろ第二次世界大戦の「戦史」を詳細に研究することのほうが、『戦争論』を難解さに苦しみながら読み通すことよりも、より多く軍事的知識を充実し、高度化するのに役立つに違いない。あるいはむしろ現在の「軍事制度」あるいは「軍事技術」を具体的に研究し、その背後に流れている「軍事思想」を解明するほうが、より大きく役に立つものと思う。『戦争論』は、古典的名著であるからといって、それを隅から隅まで読む必要はないであろう。

第四節　レーニンの註釈

レーニンによる註釈

また、『戦争論』が古典であるということは、多くの研究者によるさまざまな註釈がついているということでもある。『戦争論』の最も有名な註釈は、ロシア革命を指導し成功させたレーニンによるものであろう。その全文は、岩波文庫の戦前版、馬込健之助訳の下巻に、各章ごとに訳註の形でまとめられている。「レーニンの抜粋」は、第一篇を中心に多数にのぼる。第一篇では八カ所、第二篇では二カ所、第三篇では六カ所、第四篇はゼロ、第五篇は二カ所、第六篇は十五カ所である。第七篇、第八篇については言及されていない。

レーニンが引用している箇所は、「第一篇　戦争の本質を論ず」、「第二篇　戦争の理論を論ず」、「第三篇　戦略」、「第五篇　戦闘力」、「第六篇　防御」に集中している。とくに第六篇に多くの引用が見られるのは、革命によって政権を掌握したあと、新国家の防衛を考えるのにあたって、どういう方針をとるべきかについてレーニンが真剣に研究していたことを思わせる証拠でもある。

例えば第一篇第二十四節の「戦争は他の手段をもってする政治の継続に他ならぬ」の項目の内容は、レーニンはそのまま全文抜粋したと述べている。

この岩波文庫版は、ドイツ語の原文から翻訳されたものであるが、実はロシア語版の編纂《へんさん》者が作った註釈をそのまま紹介して、当時の左翼知識人にその意義を強く訴えかけたものであった。

この訳註は合わせて約二十七ページほどのものであるが、そのなかのレーニンによる抜粋や註釈は、いわば旧ソ連の「戦争論」や「軍事科学」の基礎理論として欠かすことができないものであった。レーニンが註釈をつけたということは、ロシア革命直後、軍事知識に乏しいソ連共産党幹部に「軍事科学」を教え込もうとするレーニンの熱意の現われでもあり、また第一次世界大戦直前に、軍事的な側面を解明するためにレーニンがいかに努力したかを示す一つの証拠と言ってもよいだろう。

レーニンは、『戦争論』のどの部分を抜粋し、註釈をつけたのであろうか。このことはソ連共産党の見解を知る意味でも興味深いことである。馬込健之助訳の戦前版岩波文庫におさめられた註釈は、実は一九三二年に刊行されたソ連国立軍事図書出版局のロシア語版におさめられている。かつて米国と並ぶ軍事力を保有して、世界を東西両陣営に分断していた「冷戦」を遂行していた旧ソ連軍の軍事思想の基礎となっていたものはクラウゼヴィッツの『戦争論』だったのである。

共産党に利用されたクラウゼヴィッツ

馬込健之助は、レーニンの註釈について「訳者序言」のなかで「マルクス、エンゲルス、レーニンを始め、多くの共産主義者達の最大の関心の対象ともなっていたのである」と述べている。

引用を続けよう。「エンゲルスはクラウゼヴィッツをば、軍事科学の分野における『一等星』と呼び、彼自身の戦争理論上及び歴史上の探究にしばしばクラウゼヴィッツを顧みている。フランツ・メーリングもまたクラウゼヴィッツを深く研究し、修正主義との論争に際しては彼の所説を引用してベルンシュタインをやっつけた。また一九一四年八月四日ドイツ社会民主党が世界の労働者階級を裏切り、『祖国を擁護する為に』階級闘争の一時的休戦を敢《あえ》てした時にも、メーリングは再びクラウゼヴィッツを引合に出していわく『戦争の本質から色々な結論が生ずるが、それらは正に労働者階級によってもまた注意されなければならぬ。戦争が決して孤立した行為ではなく、むしろ常に他の手段を以てする政治の延長に過ぎないとすれば、それよりして次の如き結論が生じる、即ちそれは、一つの戦争の期間内に於ても政治的進展は休止せず、階級及び党派の闘争は継続するということである。』だがクラウゼヴィッツの所論を最も徹底的に取り入れる事の出来たのはレーニンであった」

この訳者の主張するのは、クラウゼヴィッツを最も有効に利用したのが、レーニンの指導する共産党だという点なのである。

「訳者序言」から引用を続けるなら、『戦争論』の研究が共産主義運動の発展に貢献すると確信して、次のように述べている。

「今日吾々は三つの型の戦争をもっている。帝国主義戦争、植民地に於ける解放戦争、階級戦争、これである。戦争の具体的性質がその夫々に於て異なるであろう事はいうまでもない。そして戦争の此の政治的性質を正しく把握した者のみが、クラウゼヴィッツの実り多き戦争理論を、真に活用し得る者という事が出来よう」

このように、戦前の日本では『戦争論』はもっぱら「革命運動」の一環として読まれていたのである。皮肉なことに、革命の本家、ソ連ではスターリンの独裁体制が確立するとともに、『戦争論』の研究は事実上禁止されていた。クラウゼヴィッツの『戦争論』を活用する機会は、戦前の日本の革命家には与えられなかったに違いない。

旧ソ連の軍事思想を知る手がかり

この他、日本で刊行されている『戦争論』の解説書では、こうした政治的な意図を抜きにして、むしろクラウゼヴィッツが活動した当時の、すなわち十八世紀から十九世紀にかけての「戦史」についての解説に重点が置かれている。どちらが『戦争論』を読むうえで重要かはそれぞれの立場によって異なろうが、少なくとも二十世紀の軍事情勢を理解するうえでは、ソ連国立軍事図書出版局が付けた註釈、並びにレーニンの引用個所、抜粋の項目を研究することが必須であろうと思われる。

レーニンは、第一次大戦という巨大な歴史的激動を経験して、のちに亡命先のスイスで、来たるべきロシア革命においてどのような「軍事思想」をとるべきかの、思索と研究に耽《ふけ》ったのであった。その彼による抜粋(『哲学ノート』に全文集録されている)を検討することは、旧ソ連の「軍事思想」を知る手がかりの一つになるに違いない。第二次世界大戦後にアメリカで出版されたガルトホフ著『ソ連の軍事思想』(自衛隊幹部学校で部内資料として翻訳されている)においても、旧ソ連の軍事思想の出発点はまさしくクラウゼヴィッツの『戦争論』であったと指摘されている。旧ソ連の「軍事思想」の原点を確認する意味でも、レーニンの註釈は決して無視してはならないのである。

第五節　『戦争論』をめぐる評価

ドイツ軍の敗北と『戦争論』

クラウゼヴィッツが『戦争論』のなかで展開した理論の出発点は、「戦争とは他の手段をもってする政治の継続である」というテーゼにある。すなわち、戦争は政治の手段であり、その目的を達成するために「軍隊」が存在するというのである。「戦争」は、政治目的を実現するための手段であり、その目的に適合した武装集団が「軍隊」なのである。

政治が「君主」の利害に基づくものから、「国民の国家」の発展に必要不可欠な手段となるにつれて、戦争は、急速に「国民の戦争」に変貌していく。クラウゼヴィッツは、『戦争論』のなかで、この変貌を克明に分析し、解明している。

したがって、クラウゼヴィッツの『戦争論』で教育、訓練をうけた将校たちを従えるプロイセン軍が圧倒的な勝利をおさめると、世界の軍隊は、「教科書」として『戦争論』を利用せざるを得なかった。これを利用することなしには、将校の高等教育を完成することはできなかったと言ってもよい。ここにいたって、『戦争論』は近代社会の基本的な「教科書」の一つとしての地位を確立したのである。

しかし、第一次世界大戦においてドイツ軍は、敗北した。つまり、クラウゼヴィッツによって理論的基礎がおかれ、モルトケによって育てられたドイツ軍が敗れたのである。そこから、あらためてクラウゼヴィッツの『戦争論』の持つ意義が再検討されることになった。もし万一ドイツ軍が第一次世界大戦で勝利していたとすれば、『戦争論』の「高等軍事教科書」としての地位はゆらぐことなく、今日に及んでいるに違いない。

「国家総力戦」の時代へ

第一次世界大戦後、十九世紀初頭のナポレオン戦争がその端緒となった「国民の戦争」としての戦争は、一段とエスカレートした。大量の兵器弾薬と膨大な兵員が軍隊に召集され、「国家」の持つ総力、すなわち経済、教育、社会制度、外交を含めた政治家の能力すべてが、戦場によって試される過酷なものとなった。同時に、十八世紀に始まった産業革命によってもたらされた技術の開発は、第一次世界大戦において航空機、戦車、潜水艦といった、それまでまったく存在しなかった新兵器を次々に生み出し、それが戦場の様相を大きく変化させた。このなかで、『戦争論』が果たしてどのような役割を持つのかということについて、厳しい試練が加えられたことは言うまでもない。

第一次世界大戦後に生まれた幾つかの新しい軍事理論、例えば英国のリデル・ハートの『機動戦略論』、米国のミッチェルの『戦略空軍論』、あるいはドイツのグデーリアンの『機甲戦略論』、ソ連のトハチェフスキーの『全縦深同時制圧論』などは、いずれも『戦争論』を批判的に摂取し、そのうえに軍事技術の新しい発展を織り込んで構成されている。

「教科書」から「古典」へ

二十世紀の大規模な戦争がすべて「国家総力戦」になるとともに、戦争を指導する役割は軍事作戦を指導する任務ですら、軍人の手から政治家に移っていく。戦争の規模が拡大するにつれ、かつては軍人の専権と考えられていた軍事作戦を遂行する任務ですら、その規模、発動の時期、目標の設定など、重要な項目はすべて政治家が決定する事項になった。まして、戦争全体の指導という最も重要な指導の仕事は、すべて政治家が担当し、軍人は彼らの指示に無条件に服従して、与えられた業務に忠実に服する存在となった。第二次世界大戦での日本のような、軍人が政治を統制するといった、時代錯誤の体制をとった国は、戦争に勝てる可能性は全然なかったのである。

ここで、出版以来百八十二年を経過した『戦争論』は、「高等軍事教科書」としての機能を急速に失っていく。今日、世界各国の軍隊では『戦争論』をそのまま将校の「教科書」に採用するところはない。『戦争論』は、もはや「教科書」ではなく、「古典」としての役割に一歩後退したと言って間違いではない。

第三章 政治に左右された「軍事研究」

第一節　米国の場合・読まれなかった『戦争論』

政治的立場の反映

前章で、『戦争論』はもはや「教科書」ではなく、「古典」であると私は述べた。しかし、『戦争論』は単なる古典ではない。

クラウゼヴィッツが『戦争論』のなかで、「政治」が軍事よりも一段上の地位にあることを明示した点は、今日においてもまだ生きている。「政治」を全面否定するごとき「戦争」はあり得ない。この立場をとる限りにおいては、「核兵器」を自国の国防力の中核にすえるという発想は否定されざるを得ない。そこに、『戦争論』の読み方にそれぞれの政治的立場が鋭く反映してくるのであろう。

二十世紀最後の大戦争、「冷戦」が東側陣営の敗北、米国を中心とする西側陣営の勝利で終わり、さらに二十一世紀に入って二〇〇一年九月十一日の同時多発テロの発生とともに、米国の圧倒的な軍事力が誇示され、世界全体の国際情勢の決定的な変化が定着した。こういう新しい情勢のもとでの軍事問題を考えるうえで、大きい役割を演じてきた『戦争論』を検討しておきたい。

ミニット・マン伝説

米国では、陸軍は国防の第一線から一歩下がった存在として扱われてきた。これは、独立以来、米国の一つの伝統と言ってもよい。

英国の植民地から独立する過程で、「ミニット・マン」と言われる一種の民兵が、独立戦争を戦う主役として登場した。彼らは、緊急事態を伝える合図があれば、一分間で武装を整え、英国軍（当時は赤い軍服を着ていたので「レッド・ガーズ」と呼ばれた）と戦う態勢がとれる、武装した住民たちである。独立戦争の火ぶたを切ったバンカー・ヒルの戦いでは、その主力がこの「ミニット・マン」であった。

だがこうしたにわか仕立ての、ある意味ではパート・タイムの兵士たちでは、正規に訓練され、統一的な指揮系統を持つ英国軍と対抗できないことから、ジョージ・ワシントンを総司令官とする「大陸軍」（コンチネンタル・アーミー）を建設し、そしてついに英国軍とサラトガ、レキシントン、ヨークタウンなどの会戦を経て、米国は、独立を達成するのである。

合衆国憲法では、人民に武装の権利を認めている。米国人は、誰でも自由に小銃、ピストルなど、銃器を持つ権利がある。現在でも三億一千万人の米国人が、一億挺《ちょう》以上の銃器を所有しているが、これは合衆国憲法第四条で認められた権利に基づくもので、これだけ大量の銃器を民間が保有している国は他にないと言ってよい。独立戦争当時の「ミニット・マン」の伝統が今日でも生きているのである。米国では、自分の財産を、家庭を、自ら所有する銃によって守ろうとする考え方が、今日でも、憲法上の権利として認められているのである。

南北戦争と軍隊

独立戦争後に米国が経験した大戦争は、一八六一年から六五年の南北戦争、一九一四年から一八年の第一次世界大戦、一九四一年から四五年の第二次世界大戦、一九五〇年から五三年の朝鮮戦争、一九七二年に終わったベトナム戦争など、いくつもあるが、米国の歴史にとくに大きな意味があるのは何と言っても南北戦争である。

南北戦争が始まった当時、連邦軍、すなわち合衆国政府の正規軍は、わずかに一万五千人に過ぎず、そこで勤務する将校は千百八名に過ぎなかった。南北戦争が始まるまでに、そのうちの三分の一近い三百十三名が辞職して、そのほとんどは南軍に参加した。このように、わずかな正規軍で始まった戦争ではあったが、志願兵を大量に募集し、続いて徴兵制を実施することによって、戦争の終わった時点では、北軍（連邦軍）が百万五百十六名の兵力、南軍も六十万の兵力を持つ大軍隊となっていたのである。

国家総力戦としての南北戦争

四年以上にわたって続いた南北戦争は、人類史上初めての「国家総力戦」の性格を強く持つことになる。北軍、すなわち連邦軍は、強大な海軍力にものを言わせて、南軍すなわち「南部同盟軍」の海岸を封鎖し、同時に大量の移民を志願兵として採用、さらに北部の工業力をあげて、百万を超える大軍隊に必要な兵器、弾薬、衣服、食糧など、あらゆる物資を補給することに成功した。これに対して南軍すなわち同盟軍は、これまた南部諸州の全資源、すなわち労働力、工業力、農業生産力、輸送力などを動員して連邦軍の圧倒的な武力に対抗しようとした。それは必然的に、二十世紀初頭の第一次世界大戦で見られたのとほとんど変わることのない「国家総力戦」の様相を呈した。

名作とされるマーガレット・ミッチェルの『風と共に去りぬ』は、南軍にとって最も重要な根拠地の一つ、ジョージア州都アトランタが舞台である。ここでこの「国家総力戦」がどのように南部の住民の経済生活、社会風俗などに強い影響を及ぼしたかが、細かくかつ具体的に描写されている。

この戦争では、欧州の戦争とはまったく様相を異にするいくつかの局面が見られたが、戦争を指導した高級指揮官たちは、南北軍とも『戦争論』を教科書として教育された職業軍人ではなかった。

パート・タイムの軍人

南北戦争が終わり、やがて連邦の再統一を達成した政府は、直ちに軍隊を復員させる。

南北戦争が終わった一八六五年五月、連邦軍は、将校、兵員合わせて百万五百十六名いたが、その年末には十九万九千五百五十三名に、さらに一年後にはわずか一万一千四十三名にまで削減されてしまった。戦争が終われば、直ちに復員するのが米国の伝統とは言え、戦前を下回る水準にまで兵力を減らしてしまっては、米国の国防を確保できないとあって、グラント総司令官は八万名に増員を求めたが、議会はまもなく五万四千三百二名に連邦軍の定員を増加すると決定し、南部同盟各州に対する軍事占領を終わった一八七一年までの「再建期」での最大の兵力は五万六千八百十五名を数えた。このうち南部諸州の占領軍は、約一万九千名であった。

このように、戦争が終わればほとんど大部分の将校、兵員が軍隊を去って、民間の生活にもどるという伝統が米国にはあり、これが米国の陸軍の性格を特徴づけている。すなわち、戦争のときだけ軍隊に参加し、平時になれば市民生活にもどるという、いわば「一時しのぎ」の性格を持つことになった。

のちにも述べるが、欧州大陸の軍隊においては、戦時には一挙に兵力を大拡張し、戦争が終わると戦前以下の水準にまで兵力を縮小するという伝統はない。それは、軍隊の骨幹である将校の大多数が「職業軍人」だからである。

米国では、「職業軍人」を養成するための士官学校は、一八〇二年ウェスト・ポイントに設立されたただ一校に過ぎない。将校として軍隊に参加する青年は、一般の大学を卒業し、戦時中だけ軍隊に参加する、いわばパート・タイムの人々ばかりなのである。

この制度は、今日もそのまま残されている。米国陸軍では、現在、二十万名に近い将校がいるが、そのうちの七五パーセントは、ＲＯＴＣ（予備将校訓練団）と呼ばれる、民間大学に設置された軍事訓練組織で教育を受けた将校である。そのほとんどは、一生涯軍務に服する目的で教育を受けているのではない。

欧米の違い

二十世紀に入って、米国は第一次世界大戦、第二次世界大戦、さらに朝鮮戦争、ベトナム戦争と、多くの大戦争を経験したが、いずれも南北戦争と同じように、少数の正規軍を徴兵制の導入によって戦時に一挙に拡張し、戦争が終われば、将校、兵員のほとんど全部を復員させて、民間にもどすという制度のもとになされており、その基本は今日に至るまでまったく変わっていない。一九七三年、ベトナム戦争が終わった後、当時のニクソン大統領は、いち早くこの原則に従って徴兵制を廃止し、志願兵制に復帰した。これは今日もそのまま続いている。

欧州大陸においては、平時から大規模な陸軍を保有し、徴兵制によって毎年集める青年に十分な軍事教育を施している。兵役期限が終わるとともに予備役に編入し、いったん戦時となった場合には彼らを召集して、ごく短期間に平時兵力に数倍する大規模な陸軍を建設するという原則のもとになされている。米国のやり方はこれとはまったく対照的である。

この原則が米国において、伝統的な制度として今日まで生きているということは、同時に、生涯を軍事の研究に捧げる「職業軍人」の層を著しく薄くすることにもつながっている。しかしその反面、米国では、一般市民のあいだに、軍事科学の研究に非常な努力を払う「専門家」の数が、これまた極めて多いのである。すなわち、軍事学を、「職業軍人」の独占物としてではなく、普通の民間人が他の職業に従事しながら、趣味として研究するのである。アマチュアの非常に厚い層が存在している。

軍事知識の普及

一八六一年、南北戦争が始まったとき、連邦政府は、各州に対して国有地を基本財産として譲与する「土地譲与大学」の設立を認めた。その代償として、工学と農学を学生に教育し、学生全員に対して軍事訓練を義務づけた。これが今日の、先にあげたＲＯＴＣの前身と言ってよい。一八六一年と言えば、日本では明治維新の前である。この時点ですでに、米国の民間の一般大学において、必須課目として軍事学の学習が義務づけられていたのは注目に値する。こうして、米国では、職業軍人以外の民間人が軍事学を学ぶという伝統が確立したのである。

同時に、平時は極めて少数の「職業軍人」しかいない米国陸軍では、戦時において大量の市民を将校に任命する必要があることから、軍事知識の普及に非常な努力を払ってきた。米国には、歴史の古い軍事雑誌が多数存在する。例えば、一八七八年に、ウィンフィールド・ハンコック少将は、「合衆国軍事協会」を設立、翌年から隔月刊の雑誌『ユナイテッド・サービス』を発刊した。同じように、一八八八年には、『カヴァリー・ジャーナル』（騎兵雑誌）、一八九二年には『合衆国砲兵雑誌』と、月刊の軍事専門雑誌が発行され、これらは正規軍の将校あるいは州兵の将校に限らず、広く一般にも読まれたのである。

層の薄い職業軍人

しかし、先にも述べたように、一生をかけて、専門的に軍事学を研究する「職業軍人」の層の薄さを、否定することはできない。

十九世紀の米国陸軍は、南北戦争あるいはメキシコ戦争あるいはスペイン戦争といった、ごく短期間の戦争を除いては、俗に言う「アメリカ先住民討伐」に明け暮れていた。大部分の将校、兵員は、ごく小さな単位で、広範な地域に分散して、退屈な警備あるいはアメリカ先住民との小規模な戦闘に従事するのが普通であった。それだけに欧州大陸の陸軍と違って、歩兵、騎兵、砲兵、工兵を総合した大規模な演習など、ほとんど見ることもなく、『戦争論』も必要とされなかったのである。

したがって、十九世紀半ば、欧州大陸でクラウゼヴィッツの『戦争論』が広く読まれたのに比べ、米国では、ほとんどこうした現象を見ることはできなかった。『戦争論』の英訳そのものは、一八八〇年代に至って英国で刊行されているが、米国では、英訳書がそのまま少数輸入されただけであった。米国版『戦争論』の刊行はなかったのである。

また、二十世紀に入っても、米国陸軍は、欧州大陸諸国のように、高度な軍事教育をほとんど必要としない環境におかれていた。

このなかで、何人かの先覚者が現われたことは、もちろん見落とすことができない。例えば、アーサー・ワーグナー、あるいはジョン・ビゲロ、さらにエモリー・アプトンなどは、米国の軍事史上にその業績がいまも称えられている。しかしこれはごく少数の専門家であって、大部分の将校は、先にあげたように、大兵力を狭い戦場に集中して闘う欧州大陸の軍事作戦などは、まったく遠い世界の出来事としか考えられなかったのである。

第一次世界大戦における米国陸軍

こうした軍事教育、とくに高級指揮官の教育の不足やその欠陥が、端的に現われた最初の経験が、第一次世界大戦である。一九一七年四月、第一次世界大戦に参戦した米国は、当時わずか九万人だった正規軍を一挙に三百八十万人に拡張する。だが、これだけ大量の兵員を徴兵制で集めることはできても、彼らを指揮しかつ統合する高級将校の数は極めて少数であり、かつ彼らの能力も、当時フランス戦場で闘われていた近代的な作戦に耐えるものではもちろんなかった。

パーシング将軍の指揮する米軍が、一九一八年、フランス本土に到着したとき、彼らは独立してドイツ軍と対抗するだけの作戦能力に欠けており、米軍の各部隊は、それぞれ二千名におよぶフランス軍将校を軍事顧問として、作戦指導を委任せざるを得なかった。

当時、連合国として参戦していた日本陸軍は、フランス戦場に多数の観戦武官を送りこみ、第一次世界大戦の実態を現地で研究させた。このときの米国陸軍の作戦能力の低さ、さらにまた高級将校の軍事知識の低さについて、日本陸軍の将校たちは強い印象を受けたのであるが、皮肉にもこのことがのちに、第二次世界大戦における米国陸軍の戦闘力の評価を誤らせる一つの原因ともなった。

米国陸軍に対する低い評価

当時、日本陸軍の参謀本部が編纂した『欧州戦争叢書《そうしょ》』は、その第三十七巻で、「欧州戦争における米国陸軍」と題する報告を掲載している。そのなかで、米本国での教育のためにフランス軍は将校二百八十六名、英国軍は将校・下士官各二百六十名を、米本土に派遣し、さらに、フランス戦場では、米軍総司令部にフランス軍から少将以下四十名、軍団司令部・師団司令部には、連絡将校の名目で優秀なフランス将校三名ないし五名、各歩兵連隊には一名ずつが配属されたと述べ、その結論として、「もし本戦役間、米軍より仏軍将校を除去せば、果して幾許《いくばく》の活動を為したるかは、はなはだ興味ある問題なりとす。現に、米軍第一軍司令部において、幕僚の勤務に完熟するに従い、一時仏軍将校と離れ、独立行動を試みしも、その結果、よろしからず。再び旧態に復せる。思うに、自尊心極めて高き米国軍が、その上下を通じ、甘んじて仏国将校の指導を受けたるは、全く、自国軍隊、なかんずく高級将校、及び幕僚の能力低きを自覚せる結果に、他ならざるべし」としている。

すなわち米軍は、個々の兵員の戦意は極めて優秀であっても、大部隊としての行動能力がどの程度のものであったかについては、日本陸軍の評価は極めて厳しいものがあったのである。

米国陸軍の近代化

こうした経験を経て、米国は第二次世界大戦における連合軍の主力としての役割を果たしたのである。そのために、将校、とくに高級指揮官の教育訓練に非常な努力を払ったことは言うまでもない。一九二〇年に制定された「国防法」によって、米国陸軍は、将校の教育体系を充実することに全力をあげ、陸軍大学の他に、幕僚指揮学校など各種の学校を大量に設置した。その数は、第二次世界大戦が始まった時点で十九校に上った。

また、第一次世界大戦直後、ダグラス・マッカーサー（第二次世界大戦には、極東軍司令官として日本と戦い、一九五一年四月に解任されるまでは、日本占領軍の最高指揮官であった）のもとで、士官学校の課程が徹底的に改革され、兵力の規模は小さかったが、欧州大陸の陸軍に劣らない作戦能力を高級指揮官に与えるため、非常な努力が払われたのである。

と同時に、第一次世界大戦における「国家総力戦」の経験から、一九二三年、「国防産業大学」が設立され、戦時になった場合には、経済力、とくに産業の動員に必要な高級管理職の養成が始まった。

米国のプラグマティズムと『戦争論』

このように米国陸軍は、第一次世界大戦後急速に近代化されるが、その時点では、すでに『戦争論』は「古典」になってしまったのである。したがって、先にも述べたように、米軍将校で本格的に『戦争論』を研究した専門家は、極めて少数であったと言ってよい。

米国では、教育の仕方そのものに、他の国とはまったく違った方式が確立している。原理、原則から演繹《えんえき》して現実を分析するのではなく、実際の経験を総合してそこから一つの原則を見出そうとするプラグマティックな思考方法を学生に植えつけることこそ、最も効果のある教育だとする考え方が、伝統的に存在する。

例えば、軍事教育で最も重要な課目である「戦術」をとってみても、日本の士官学校ではいきなり師団長（約二万人の兵員で構成される）のとるべき方針から出発して教育を行うが、米国の士官学校では、こうした高級指揮官の立場から戦闘をどう指導するかではなく、あくまでも小隊長（せいぜい五十人ないし六十人の兵員から構成される）としてどのように戦闘を実行するかを教育する、といった具合である。

したがって、戦争の原則、あるいは戦争学の原理について論述された『戦争論』など、読む必要も読もうとする意欲も、米軍の将校には極めて欠けるという結果が生じてくる。

つまり米国では、現在も変わらないが、教育とはあくまでもその職業に必要な範囲内の知識と準備を与えるのが目的である。「職業軍人」として軍隊に志願した青年であっても、その教えられる内容は、ごく初歩的なものに過ぎず、原理、原則から演繹して戦争の全体像を教えこもうというヨーロッパ風思考様式に基づくやり方は、米国式の教育方法にはないのである。

ここでさらに重要なことは、第二次世界大戦の末期、「核兵器」が登場したことである。すでに述べたように、「核戦争」は、クラウゼヴィッツの言う「政治の継続としての戦争」を一切否定しさる性格を強く持っている。こうした軍事技術の進歩によって、クラウゼヴィッツはいよいよ「古くなった」とする考え方が、米国の軍人のなかに定着したのである。

米国の軍人が『戦争論』に興味を持たないからといって、それは必ずしも米国の軍事力が世界最強のものでないということにはならない。だが、第二次世界大戦の経験をもとにとくに軍隊の戦闘意欲の問題をまとめた『ファイティング・パワー（戦闘能力）』の著者、バン・クレフェルトによれば、米軍将校の戦闘指揮能力は、ドイツ軍将校に比べて、はるかに低かったのであり、このことは、否定できないようである。その理由の一つとして、指揮官のリーダーシップがはるかに劣っていたという事実を、クレフェルトはあげている。それもまた、先にあげたように、軍人という職業が米国人の生活様式、あるいはまた米国人の考え方になじまないということから出ているのかもしれない。

第二節　旧ソ連の場合・崩壊した軍事的伝統

「クルスク」沈没事件が物語る現実

初版で大きく取り上げたソ連の軍事思想、ならびに、それとクラウゼヴィッツとの関係についての論議は、もはや完全に歴史になってしまった。このことは、ソ連が「冷戦」に全面敗北し、さらに共産党の一党独裁体制が解体、崩壊、消滅したことと密接不可分の関係にある。具体的にいうならば、まずソ連軍が解体崩壊した後、後継国家であるロシア連邦の軍隊がその地位を完全に継承したとは評しがたい現実がある。つまり、世界第二の軍事大国であったかつてのソ連軍の軍事力を支えるだけの経済的基盤は完全に崩壊消滅している。

これは、軍事力そのものの崩壊をもたらしているという、その端的な実例が、二〇〇〇年八月発生したロシア海軍北洋艦隊の主力である原子力潜水艦「クルスク」の沈没事件であった。「クルスク」が原因不明の事故によって爆発、沈没し、百八十名もの乗員がその犠牲になったという事実は、まさしくロシア海軍全体の戦力、ならびにその中核とも言うべき原子力潜水艦の整備が、事実上、完全にできなくなった証拠と見て間違いはない。

「クルスク」は、日本であまり知られていないけれども、排水量二万八千トン、すなわち第二次世界大戦直前の日本海軍が保有していた旧式戦艦「山城」「扶桑」「日向」などとほぼ同じ規模の艦体を持っている。それが海底深く沈んで、原子力によって自由に行動するというのであるから、これは巨大な戦力を象徴するシンボルとも言うべき存在であった。それがどういう理由か、北氷洋の寒い海のなかで爆発事故を起こした。その結果、沈没してしまっただけではない。その遺体を回収するためにロシア海軍は巨額の経費を投入し、しかも自国の救難能力では及ばないことから、わざわざオランダの救難会社の支援を巨額の代価を払って獲得している。そして、ようやく二〇〇一年九月に艦体の回収、浮上に成功した。

生命を失った百八十名に及ぶ乗員の遺体の回収もほぼ完了した。こうした作業が進む過程で極めて重要であったことは、沈没し、さらに西側の技術援助によって回収した「クルスク」の巨大な艦体が浮きドックのなかで次々に解体されている情景が、テレビの画像を通じてロシア連邦の内外にそのまま流れているという事実である。かつてならば「クルスク」の内部をテレビの画像で流すなどということは、国家機密の漏洩《ろうえい》にあたるとして厳重に禁止され、いかなるマスコミに対してもその放映を認めることはあり得なかった。

「クルスク」は原子力潜水艦というだけではない。その前部には、いわゆる大陸間弾道弾、しかも弾頭に核兵器を装備した、おそらく十数基の大型核ミサイルを収納している。かつてソ連海軍は、海中深くからこれを発射して核戦争を遂行するための主力となる役割を演ずべき存在と位置付けていたことは疑いの余地がない。そのソ連海軍はいま、「ロシア海軍」とその名称を変えただけではなく、その役割に対する認識も変わっている。すなわち、再び核戦争を遂行するとはロシア連邦としてまったく考えていないのである。

今日、ロシア連邦は、その前身であるソ連邦とは異なり、西側社会の一員としてふるまい、西側との軍事的な対決の路線は再び踏襲しないことを「クルスク」の事故解明の映像を通じて、西側諸国にも訴えかけている。つまり、「クルスク」沈没事件の原因究明の様子を映すテレビの画像は、そのロシアの姿勢を明確に示す格好のものだったのである。

ソ連軍将校の待遇

一方、ソ連軍が解体崩壊し、同時に発生したロシア連邦の軍事能力の急速な低下は、ソ連軍の存在していた当時と比較して、それを構成していた軍人の処遇も一挙に解体崩壊するという側面も持っている。

すでにあげたごとく、ソ連軍は第二次世界大戦で世界最強の軍隊であったドイツ陸軍を決定的に敗北させ、第二次世界大戦の陸上戦での勝利を保障する最も有効な手段として大きな役割を果たした。戦後、ソ連軍の幹部を構成する将校は、徴兵されて毎年入ってくる一般の青年とは別に、極めて手厚い経済的な待遇を受けていた。一般の勤労者に比べて数倍の高給が支払われただけでなく、一般のソ連国民には出入りが一切認められない特権的な商店で提供される、西側の高級消費財を含めて品質の良く、しかも安価な消費財を大量に自由に入手する権利も特別に与えられていた。

こうした特権的な扱いは第二次世界大戦前から存在している。大戦直前、それまで「労農赤軍」と呼んでいたソ連軍が本格的な常備軍として変質する過程で、幹部を構成する将校に対してその地位に見合った特権を供与すると同時に、一般の徴兵とはまったく別個の存在であることを明示すべく、厳しい対応が求められていた。

一例をあげるならば、ソ連軍の将校は、軍隊内で勤務しているときはもちろんのこと、勤務以外で外出する際にも絶対に大きな荷物を持ってはならないという規定があった。例えば、買い物に行ったソ連軍将校は、買ってきたさまざまな商品を自分の手に下げて持つことはない。必ず彼らにつけられている当番兵にそれを持たせ、自分自身は手ぶらで胸を張って堂々と街を歩くべし、となっていたのである。

軍服の着用についての規定も極めて厳しい。ソ連軍将校は、いついかなる場合においても、勤務外であっても、所定の階級章のついた正規の軍服の着用を義務づけられた。家庭内では軍服を脱ぐことが認められていたが、いったん官舎の一歩外に出た瞬間に正規の服装を維持しなければならない。そのために必要な軍服、軍靴、軍帽等々の被服類などは、先にあげた特権商店において極めて質の高い商品が、安価に提供されていたことは言うまでもない。

公共交通機関に乗った際、上級者を見つけた場合には、ソ連軍の将校は必ず厳正に直立不動の姿勢をとって敬礼することを義務づけられていた。実際に著者は、モスクワの地下鉄で何人ものソ連軍将校の集団を見かけた経験を少なからず持っている。彼らは、上級の将校を発見した場合には必ず、全員が挙手、注目の礼をやらなければならない。その姿に、戦前の日本の陸海軍の姿を想起して、まことに感慨深いものがあった。ソ連軍では、この「挙手注目の礼」を繰り返すという姿を通じて、上官に下級者が服従するという姿勢を、極めて厳正に、いついかなる場合においても確認し続けていたに違いない。

また、ソ連軍の内部では将校と下士官および兵とのあいだに極めて厳しい差別があった。将校に対して提供される食事と、下士官および兵への給食のあいだには、量でも質でも、非常に大きい差があった。居住条件もやはり非常に大きな格差があった。将校には、家族とともに居住するだけの広い面積と、充実した暖房設備を備えた官舎が提供されるのに対し、下士官、兵が居住する兵舎の内部は極めて劣悪な条件であった。この差別が、ソ連軍解体後、繰り返しロシアのマスコミをにぎわしたことは日本でもよく知られている。

「フセボー・ピャティ」の威力

こうした厳正な、表面的な規律を厳守するというシステムは、ソ連軍を構成する職業軍人に対し、極めて高度な教育水準を要求するということと固く結びつく。

ソ連軍の将校の養成過程を見てみよう。一般の徴兵と同様に十年制の学校を卒業した青年は全国で百カ所を数える士官学校に、選抜試験を受けて合格者が入学する。三年ないし四年の課程を経て士官学校を卒業した青年将校は、それぞれの兵科の部隊に配属され、二年あるいは三年、実地の勤務を経験する。そのあと、各それぞれ所属兵科の専門学校に進学し、ここでもまた二年ないし三年の課程を経て卒業し、再び隊付き勤務に復帰する。そこで成績優秀と認められた将校は、陸軍および各種の大学校に進学する。ソ連の大学校は、初級大学校から高級大学校、さらに最終的には参謀本部大学校と、いくつもの段階に分かれており、将校はそのなかのどれかの大学校に入学し、ここでも優秀な成績で卒業すると次々に抜擢《ばってき》、進級を重ねて、高級士官、高級将校の地位に昇進していく。

ソ連時代には、俗に「フセボー・ピャティ」という表現があった。フセボーとは英語で言うオール。ピャティとはファイブを意味する。すなわちオール五という意味である。十年制学校を卒業した際、この「フセボー・ピャティ」をとった青年は、優等生として金色の星をもらう。同時に、士官学校を志願した場合には無試験入学を認められる。

士官学校でも「フセボー・ピャティ」を獲得した少尉は、次の兵科専門学校においては、まず、選抜試験のうちの一次試験、すなわち初級の軍事知識のテストを受ける際には無試験であり、二次試験の口頭試問だけを受けて、それに合格すれば入学が認められる。

さらにその上のクラスの初級陸軍大学に入学するときにも、「フセボー・ピャティ」をとっている将校の志願者は、事実上入学試験を免除され入学が認められる。このような形で「フセボー・ピャティ」の威力は最高の陸軍大学である参謀本部大学校に入学するまでつきまとう。

最高の軍教育機関である参謀本部大学校を「フセボー・ピャティ」で卒業した将校は、同期生の昇進のスピードとはまったく異なる極めて速いスピードで昇進を続けていき、軍の高級指揮官の地位に誰よりも早く到達できる。

一九八三年、大韓航空機撃墜事件のときに参謀総長を務めていたオガルコフ元帥は、まさしく典型的な「フセボー・ピャティ」の持ち主と言われている。当時、彼は五十歳代半ばで元帥の地位に到達し、しかも、一切戦闘経験を持たない、また、隊付き勤務の経験もほとんど持たず、司令部勤務、あるいは官庁勤務だけを通じ、参謀総長の地位に躍進した存在として有名であった。

こうした学歴尊重主義は、ソ連軍将校の特徴を意味している。ソ連軍将校は軍隊での全経歴、おおむね三十年から三十五年のうちの約三分の一、すなわち十年以上を学校で暮らすと言われている。何度も学校教育を受けるその課程は成績最優先が貫かれており、「フセボー・ピャティ」の持ち主だけが将官に昇進する資格を備えているとすら称されていた。

その結果、ソ連軍の将校は極めて杓子定規《しやくしじようぎ》であり、ある意味でそれはソ連軍の運営の原則を示している。すなわち、各種の操典、教範といった規定にこそ十分通じているけれども、それが実戦で大きく役立つものであるかどうかはまったく関係がないのである。

アフガニスタン侵攻における誤り

そのことを端的に示していたのが、一九七九年に始まったアフガニスタン出兵の失敗であった。ソ連軍の基本的な訓練は、大平原での機甲作戦に勝利をおさめるという前提のもとに組み立てられたものであって、アフガニスタンのように山地で、しかも周辺の住民から全面的に敵視されるという前提は考えていなかった。しかも、その現地住民が組織するゲリラの攻撃を繰り返し、日夜受けなければならない。そうした新しい条件にどのように対応すればよいか。その訓練にも、新しい状況に対応するための柔軟な戦闘技術の創出にも、ソ連軍将校はまったく適していなかった。

彼らは、杓子定規で大学校で教え込まれた千篇一律の戦闘原則そのものをアフガニスタンに持ち込んだ。たとえそれが現地の状況に適合しないものであったとしても、それを徹底して遂行することにのみ全力を尽くしたのである。その結果、極めて装備が悪く、しかもはるかに戦力に劣るはずのアフガニスタン現地住民のゲリラ作戦をついに鎮定することができず、十年後、巨大な損害を抱えて全面撤収せざるを得ないという、極めて厳しい敗北を経験することになる。

軍事技術の急速な進歩の中核となっている電子技術とその応用という面でも、千篇一律の戦闘原則を徹底して頭にたたき込まれ、それをうまく運用するということにのみを軍事教育の中心にすえていたソ連軍の教育体系ではまったく対応できなかった。多種多様な戦場では指揮官の柔軟な発想を必要とするにもかかわらず、それがまったく存在しないという、非常に厳しい矛盾にソ連軍は直面し、ついにそれを克服することができなかったのである。

簡明な一定の原則のもとに組み上げられた戦争形態を、高級指揮官から末端の一兵にいたるまで、徹底してたたき込むことだけに終始していたソ連軍の失敗は、アフガニスタンでの失敗に限らない。その後継軍であるロシア連邦軍も、これまた大きい損害を出しながらもチェチェンのゲリラ勢力との戦闘を繰り返さざるを得なかった。

さらに、本格的な大国間の戦争に備えるために必要欠くべからざる最新の軍事技術の開発でも、ソ連軍は大きな失敗を繰り返した。それは、「冷戦」のなかで時たま発生する「熱い戦争」の結末が端的に物語っている。

一九五〇年、朝鮮戦争が始まったとき、ソ連軍の新鋭戦闘機「ミグ15」は、本格的なジェットエンジンを備えた高性能の防空戦闘機として米空軍の戦略爆撃機「B29」を戦場から駆逐することに成功し、世界を驚かせた。

当時の「ミグ15」は米空軍の装備しているF80「セイバー」戦闘機とのあいだにはほとんど性能の差はなかったが、ミグのほうがセイバーよりもはるかに機体が頑丈で激しい運動に耐えるだけの性能を保有していた。また、装備していた火器の口径は、セイバーよりもミグのほうが大きい。破壊力の大きいものであっただけに、鴨緑江の南岸上空で展開された空中戦で、ミグは絶えずセイバーに大きなダメージを与え、ついにB29をこの空域から駆逐することに成功した。すなわち、このときミグの戦闘能力は、米空軍の新鋭機の戦力を上回る能力を発揮したのである。

だが、技術革新がいっそう速度を速めていくなかで、ソ連軍は電子技術を使用兵器の骨幹に織り込むことに失敗し、それが一連の戦闘経験を通じて明確な戦果の差となって現われた。第一章でも述べたように、ソ連軍は技術面において、米軍と比較にならないほど低い戦力しか保有していなかったのである。これが、「冷戦」で勝利を獲得できるという見通しをソ連軍の首脳部から奪うこととなった大きな要因である。

実はソ連でも、とくに戦後、スターリンの死後に軍事教育、あるいは軍事体系の基本的なシステムを構成する際のイデオロギーに大きな変化が繰り返されていた。

第二次世界大戦後スターリンが八年間統治しているあいだに導入したものは、ソ連軍を徹底して形式化し、官僚化し、さらに階級上の格差に基づく無条件服従という原則をすべての軍隊の運営についての原則としなければならないというものであった。

軍事思想の面では、「クラウゼヴィッツ」の考え方、あるいは彼の思想を徹底的に否定した。レーニンは「クラウゼヴィッツ」を熟読し、そのためにわざわざ有名な「戦争論ノート」を作成したが、スターリンの方針は、その伝統を一挙に葬り去るものであったことは言うまでもない。

スターリンの死後登場したフルシチョフ政権時代には、今度は逆に軍事思想にできるだけの柔軟さ、斬新《ざんしん》さを持ち込む努力が行われた。それが世界で有名なロコゾフスキーの『軍事戦略』という著作を生み、これに基づいてソ連軍の軍事機構にもかなりの斬新な改革が持ち込まれることとなった。

しかし、その時代も続かず、その後に登場したブレジネフの時代には、アフガニスタンの侵攻作戦に見られるがごとくソ連軍の軍事能力を過大に評価し、大平原で機甲作戦を展開するために教育され、訓練され、装備しているソ連軍を山岳地帯のアフガニスタンに投入し、必ず成功するに違いないという大きな予測の誤りをおかすことになる。それがブレジネフ時代を彩る、硬直した軍事思想の再復帰という事態を生み出している。

「衛星国」ブルガリアでの体験

ソ連は、第二次世界大戦後、今日で言う東ヨーロッパのいくつもの国において共産党の一党独裁体制を確立することに成功した。これら「衛星国」の軍隊はすべてソ連軍が供与する兵器で装備され、またソ連軍の将校によって指揮、教育されてきた。これは極めて徹底したものである。

著者は一九六八年、その「衛星国」の一つブルガリアを旅行した際、ある農村の道端でブルガリア軍の戦車隊を見かけた。彼らが道端で戦車を停止させ、乗員の兵隊が全部車外に出て休息をしているところに、著者が車で通りかかった。珍しいものを見たとばかりに著者は車を降り、兵隊たちに話しかけた。すると現われた一人の将校が著者に対しドイツ語で話しかけてきた。

「君はどこの国の人間か?」と言う。著者は「日本人だ」と答えた。その若い将校は驚愕《きょうがく》した表情で著者を見て、「日本人の顔を今日初めて見た」と叫んだ。彼の指揮下にある戦車隊の乗員たちが著者の周りに集まってきた。そこで著者は米国製のタバコを出して、彼らに勧めた。「衛星国」では米国製の巻きタバコはまことに貴重品であったから、おそらく彼らはこのとき生まれて初めて米国製の巻きタバコを味わったに違いない。

その将校がさらにドイツ語で話しかける。「この戦車はどこの国のものか知っているか」。著者は答えた。「これはソ連製だろう」。将校は「そのとおりだ」と言うと、さらに言葉を続け、「そのなかを知っているか」と尋ねてくる。著者は答えた。「私は戦車を見たのは今日がまったく初めてのことでなかは見たこともないし、聞いたこともない」。

すると将校は平然と、「乗ってみろ」と言うのである。将校は自ら先頭に立って、操縦席のハッチを開けて、どうぞどうぞと著者を招き入れる。実を言えば、これがソ連製のT60型戦車である。著者は、見たときからこれがT60であることは知っていたが、戦車隊の指揮官であるらしい若い将校に対してはまったく無知を装い、その操縦席に入るという、ほとんど例のないような経験を味わうことになった。入ってみると極めて狭い。身長一メートル六十五センチの著者ですら、操縦席に座ってハッチを閉めると頭がつかえるのである。

そのブルガリア軍の戦車隊の将校は平気で、「これはソ連製の戦車で、我が国にソ連がタダでくれたものだ」と語った。自国の軍隊の装備している戦車を西側の国民である日本人に見せて秘密が漏れはしないか、という警戒心などまったく働かない。ブルガリア人からすればその

T60はソ連からタダでもらったものであるから、その貴重さも、重要さも、秘密を保持するという必要性も一向に感じないのかもしれない。まったくの無責任なやり方で戦車隊を運営しているると感じざるを得なかった。

この旅行を通じて、著者はいくつも同じような経験を味わった。あるとき、ブルガリア中部のスタザ・ラゴラという街の空港に、著者の乗っていた国内線が緊急着陸した。スチュワーデスは「皆さん、外へ出てください。これからエンジンの修理をします」と叫んでいる。幸いにもそのスチュワーデスはブルガリア語だけでなく英語でも叫んだので、著者もその内容をすぐ理解できた。外へ出てみてたまたま見てみると、緊急着陸した国内線の旅客機の隣にミグ23が駐機している。

旅客機を降りたブルガリア人の乗客は全員、五月の暑い太陽の日差しを避けるために、このミグ23の機体の下に入っていく。著者もそのなかの一人として紛れ込んだ。これによって、ミグ23を下から十分眺めることができた。どれくらいの厚さのアルミ板を使っているのか、どれくらいの口径の機関砲を装備しているのか。装備しているジェットエンジンの排気口はいったいどんな構造になっているか等々、実物に照らして詳細に観察する機会を獲得したのである。この経験は筆者としては実に幸いであったが、ただこれも国家機密の保護という点から言えば、およそ考えられないような無神経な対応であった。

先に述べたように、こうした「衛星国」に対してソ連は、火砲、戦車、その他戦力の中核となる重兵器を提供し、自国の将校を派遣して訓練、教育し、ワルシャワ条約機構という名のもとで軍事同盟を締結して戦力の一翼を担わせる努力を重ねてきた。しかしながら、それは決して有効、適切な政策、あるいはまた成功であったとは評しがたい。

戦前の伝統を守り続けていた東ドイツ軍

その「衛星国」のなかで最も中核となる戦力は東ドイツの軍隊であった。NVA（国家人民軍）と称される東ドイツの軍隊は、そのパレードを見る限りにおいては、ちょうど第二次世界大戦中のナチス・ドイツ軍の国防軍（ヴェーアマハト）とまったく同様の軍服であり、階級章であった。異なるのはヘルメットだけがソ連製だという点くらいであろう。

一九八九年十月、ベルリンで開かれた「ドイツ民主共和国建国四十周年」の軍事パレードをNHKの取材チームがビデオに撮った。それを見れば、行進のあり方から軍装から、すべてにわたってヴェーアマハトとNVAのあいだにはまったく差異が存在しないことがわかる。すなわち、NVAは第二次世界大戦前のヴェーアマハトとまったく同一の服装、行進の様式の伝統を堅持しているのである。

実をいえば筆者は一九六八年に東ドイツも訪問し、東ドイツの外務省と接触をしていた。外務省の建物のすぐ隣に、今日でも存在しているけれども「アルセナル」（武器庫）と称する古い建築物がある。これは一種の博物館として使われており、筆者が訪れた当時はカール・マルクス「生誕百五十周年」の展覧会が行われていた。

その展覧会を一日観察した著者は大変面白いものを発見した。それは日本製の武器である。展示品のなかに「三八式歩兵銃」が現存しており、しかも三八式歩兵銃という刻印も、菊の御紋章まで打ち込まれている、まさしく正規の旧日本陸軍の標準的な歩兵銃である。

それを発見した翌日、外務省アジア局日本課と接触していた著者は、集まった東ドイツの外務省の職員に対してこう述べた。「隣のアルセナルで展示している博覧会で、日本製品を発見した」。その日はその話で終わったけれども、几帳面で、かつ徹底した習性を持つ彼らは、その日、アルセナルを見に行ったらしい。二〜三日経って再び日本課と接触した著者は、彼らからこう言われた。「ヘル・ハセガワ、われわれも実はアルセナルを見に行きましたが、日本製を発見することができませんでした」。

そこで著者は、「では全員に見せてあげよう」と言って日本課の全員と、たまたま同席したアジア局長を「三八式歩兵銃」の前に連れて行き、「これが典型的な日本製品である」と、詳細にその内容を説明した。と同時に、彼らの日本に対する知識のなさ、観察力の不十分さ、さらにまた注意力の欠如を激しく非難した。ドイツ人というのは動かぬ証拠をつきつけ、ぐうの音も出ないまでにたたきつけて初めて参る国民なのである。

「冷戦」における敗北＝「伝統」の消滅

「冷戦」が終わり、東ドイツの軍隊は解体した。これは極めて徹底したものであった。少なくとも、佐官以上の地位にあった東ドイツ軍の将校は全員軍隊から退役を強要され、年金生活に入ったと言われている。また、外務省など政府機関を構成していた官僚の大部分も、ほとんど全員が解職され、これまた失業者になるか、民間の職業に転換するかを強要されているとも言われている。

この厳しい運命は、「冷戦」の敗北がもたらした産物と言わなければならない。ソ連軍の解体後にその地位を継承したロシア軍においても同様に、将校も下士官兵も、毎日の食事にすら事欠くほどの厳しい経済状態に放置されたまま今日に至っている。

ソ連邦の解体、崩壊は「冷戦」の敗北によって起こったということは、同時にソ連軍の軍事的な伝統がすべてにわたって崩壊、消滅することをも意味する。ロシア連邦軍では、クラウゼヴィッツはどこまで評価されているか。それはこれからの将来の動きを見なければ、判別がつかない問題となった。

第三節　ドイツの場合・戦前の伝統を継承

同じ敗戦国である日本とは対照的

一九九〇年、ドイツの東西統一が完成した。「冷戦」の第一線にあったドイツは戦後東西に分断され、その間に、激しい対立が存在していた。それが「冷戦」で東側陣営が敗北するとともに、東ドイツ（ドイツ民主共和国）は全面的に解体崩壊して、ドイツ連邦共和国（西ドイツ）に吸収されたことはよく知られている。

第二次世界大戦に敗北したドイツでは、このような分断状態に長年苦しまなければならなかったと同時に、西側陣営に属したドイツ連邦共和国は一九五六年、周辺諸国の強い懸念と不安感に包まれて、本格的な再軍備に着手した。

当時のドイツ政府首脳、アデナウアーはこの再軍備にあたって伝統的なドイツの軍事的発想、すなわち「国家とは独立に存在した軍隊」という考え方を捨て、ドイツ軍は「市民軍」としての性格を持たせるべく全力をあげて努力した。具体的には、本格的な文民統制のもとにおかれたドイツ連邦軍（ブンデスベーア）は、内閣のトップである首相の管理下におかれる一方で、NATOのなかの一部として周辺諸国の軍事力と固く結びつく形となった。これによって、西側諸国とのあいだの軍事衝突はあり得ないという確信と保証を、周辺諸国に提供したのである。

だが、これは制度のうえ、あるいはシステムのうえの話であって、現実の問題として幹部の教育においてはまったく異なる状況が存在する。

一九五七年ハンブルクで開校された連邦軍大学校では、その最初の学生を採用する際に、第二次世界大戦中の末期にドイツ国防軍の行った参謀将校短期養成課程第十六期と第十七期で参謀教育を受けた将校のみに限定した。つまりアデナウアー首相は、第二次世界大戦前後のドイツ国防軍の伝統をそのままドイツ連邦軍が継承するという姿勢を、幹部教育の形で明確にしたのである。

この点は、日本の場合と実に対照的であると言わざるを得ない。日本の「再軍備」の第一歩となった警察予備隊の設置において、当時の吉田茂首相は、旧軍の幹部がそのまま警察予備隊の幹部として採用されることに激しく抵抗した。そして、その後の一連の動きもすべて同じような形になっている。その結果、戦前の軍事の伝統は警察予備隊にも、その後身である自衛隊にも、まったく継承されていないと言って間違いはない。同じ敗戦国であるが、戦前の伝統を継承する形を取ったアデナウアーとあまりに異なる。

ドイツ連邦軍に属する将校全員が勲章を与えられる

また、一九五七年にアデナウアー政権は「勲章佩用《はいよう》法」という法律を制定している。これは、第二次世界大戦中に授与されたすべての勲章から、「主権紋章」と言われる「鷲《わし》とハーケンクロイツ」からなるナチの印を排除したものを、ドイツの連邦軍の軍人全員が佩用することを認めるという法律である。

これも、戦前の軍事の伝統を連邦軍が継承する具体的な現われである。残念ながら、我が国の自衛隊ではこうした措置がとられていない。戦後の叙勲制度を見ると、自衛隊に属する現職の幹部は誰一人として在職中に勲章を与えられる機会はない。除隊した自衛隊の元幹部のなかで将補以上の人たちだけが辛うじて満七十歳に達したとき「生存者叙勲」の対象にあげられるだけである。

同じ軍人でありながら、また同じ機能を果たすべき職にありながら、ドイツの連邦軍に属する将校は全員が正規の勲章を与えられて、胸にそれを保有している印として「略綬」をつけている。対して我が国の自衛隊の幹部たちは、一切在職中に勲章を与えられることはないという、極めて厳しい差別を甘んじて受けなければならないのである。

よく言われるごとく、軍人というものはカネ目当ての職業ではなく、ある意味では国家に奉仕するのが義務であり、それに対して高い名誉を与えられることが激しい勤務の代償となるという職業である。我が国の自衛隊の給与体系を見てもそのとおりで、例えば、自衛隊本来の役割である防衛出動、あるいは警備出動にあたっては一切の手当がつかないのに対し、災害出動の場合には災害手当が支給される。戦前の日本陸軍、海軍の場合ならば、現在の防衛出動にあたる「戒厳令」に基づく出動の場合、戦時にあたっての「戦時手当」と同額の出動手当が支給された。まして本格的に戦争に参加した日には、本俸とほとんど同額の「戦地手当」が階級のいかんを問わず全員に支給されたのである。その支給は、動員が下令されたその日から復員が下令されたその日まで継続するというシステムであった。

給与体系から見るならば、いまの自衛隊員は、災害出動の場合には特別手当をもらうのに対し、本来の役割である防衛出動に対しては、何の手当もつかない。これは、自衛隊は戦争をしない「軍隊」としての性格を露骨に示していると言わなければならない。

クラウゼヴィッツ論議が再燃

ドイツでは、すでにあげたごとく戦前の伝統を継承するという路線で連邦軍が組織されている。それにつれてドイツでは、第二次世界大戦中の戦闘の経験を総括した多数の著作が、世に問われている。また、第二次世界大戦で指導的な役割を果たした高級将校たちは、相次いで自分たちの「回顧録」を出版し、そのなかには名著と言われるものも数少なからず存在している。

こうした第二次世界大戦の戦勲について、日本でも、防衛庁の戦史部で編纂された『大東亜戦争全史』を含め、いくつもの出版物が存在し、そのなかには公式の戦史も含まれているものの、ドイツの場合よりもはるかにその質においても、量においても乏しいものになっている。このことは、日本が平和国家を目標とする憲法を制定したことと無関係ではない。

ドイツでは、再び軍事の伝統が継承されている。また、その継承のなかで、軍事思想に対する関心が高まっており、先にあげた連邦軍大学校の卒業生が構成しているクラウゼヴィッツ研究会など、多数の軍事問題の民間研究組織も存在し、その活動を日夜展開している。再びクラウゼヴィッツを巡る論文も多数発表され、また、その評価をめぐって活発な論議が展開しているということも、あえて付け加えておきたい。

日本ではそうした研究機関が存在しないに等しい。形としては存在しても、その機能はドイツとは比較にならない小さなものにとどまっている。それが現代国家としての日本国における欠陥の一部を構成するものになっていると言わなければならないのが現状なのである。

第四節　日本の場合・古典としての『戦争論』

ヨーロッパの近代的軍事制度の導入

日本は、明治維新において初めて欧州の近代的な軍事制度を導入し始めたが、それ以前に、幕末において、米欧から押し寄せた「黒船」に接して、我が国の軍事技術のたち遅れに、非常な衝撃を受けていた。関ヶ原以来変わることのない火縄銃、刀、槍、鎧《よろい》兜《かぶと》で武装した幕府軍、俗に言う「旗本八万騎」は、すでに軍事的有効性をまったく失っており、全国で二百余を数えた各藩の軍隊も、欧州の近代的軍事力には対抗するすべがなかった。その証拠が馬関戦争、薩英戦争である。

当時日本最大の武力を保有していたはずの長州藩、薩摩藩であったが、わずか数隻の欧米艦隊に完膚なきまでに敗北している。そのことが、明治維新を推進した指導者たちにいかに強い衝撃を与えたか。それは第二次世界大戦末期の原爆以上のものであったと言えよう。

明治政府が「富国強兵」を目標に、全力をあげて国内の諸制度を近代化し、経済力の建設に努力したのも、その当時の欧米諸国が持つ強大な軍事力に日本がまったく対抗できないことを、十二分に承知していたからである。明治初年以来、政府は多数の将校を欧州に留学させ、近代的な軍事制度の習得に努力した。それだけではない。欧州で学んだ軍事技術、軍事制度の知識を日本国内に普及するために、極めて多数の軍事科学専門書が相ついで日本語に翻訳されて、陸海軍省の手によって刊行されている。

『戦争論』も、この時期に初めて、欧州で出版された多くの「高級軍事教科書」の一冊として紹介された。明治二十年代に、文豪森鷗外《おうがい》がこれを日本陸軍将校に口述したとの記録がいまも残っている。

こうして欧州の近代的軍事制度を導入した日本では、陸軍将校あるいは海軍士官は、その当時、時代の先端をいく知識人の代表であり、それぞれ駐屯する地域での文明開化の権化でもあった。彼らは、陸軍士官学校、海軍兵学校で体系的な軍事教育を受け、さらに数学、物理、化学、語学の教育を受け、時代の文字通り最先端にたって、日本を文明開化する役割を担ったのである。

「島国」から「大陸国家」へ

日清戦争（明治二十七～八年）、日露戦争（明治三十七～八年）で、日本は、かつての大国であった清国、ロシア帝国を軍事的に敗北させることに成功して、アジアではただ一つの独立帝国として世界に認められる存在となった。

欧州の軍事制度の導入が、ついに結実したのである。

これと同時に日本は、それまでの「島国」から、朝鮮半島を領有し、アジア大陸に強大な地歩を確立しようとする「大陸国家」への道を歩み始める。

日露戦争の勝利後、明治四十年に策定された「帝国国防方針」は、まさしくこうした「大陸国家」にふさわしい強大な軍備を持つことを目標とした、日本の基本的な国策としての秘密文書である。これは、明治維新以来軍隊の近代化に全力をあげて努力をしてきた山県有朋《やまがたありとも》元帥の指導のもとに、陸軍内部の、しかもその首脳部のみに知られている秘密文書の形で作成された。つまり当時の日本人すべての知るところではない密室の産物として策定されたものである。後に第二次世界大戦の敗北をもたらした最大の要因は、まさしくここにあったと言ってよい。

日本独自の兵学

日露戦争で勝利を得た日本陸軍は、それまで必死に学んできた欧州の軍事科学の研究をやめる。当然『戦争論』研究も急速に衰微していく。その理由は、ドイツ中心に学んできた欧州の軍事制度が、アジアを戦場として闘わなければならない日本陸軍の体質にそぐわないことを、体験を通じて理解したからである。同時に、日本陸軍の基本的なあり方を、単に「島国」防衛ではなく、アジア大陸での覇権を狙《ねら》う「大陸国家」の軍隊に体質改善しなければならないという使命感があった。

そのような意識や目的の変化に伴って、それまでに約二千冊を数えた大量の軍事科学翻訳書の刊行は、日露戦争後はほとんどなされなくなる。つまり、日本陸軍は欧州の進んだ軍事科学を研究し、身につける努力を自ら放棄したのである。

これにとってかわって強調されたのは、「日本独自の兵学」であった。その体系化されたものが「典範令《てんぱんれい》」(軍隊を指揮、運用するための原則をまとめたものを操典《そうてん》と言い、個別の軍事技術を集約して、それを基準とした教科書を教範《きょうはん》とよび、この両者を総合して典範令とよんだ)である。これにすべてが結集されているという「建前」が、強調されたのであった。

このことは、日本陸軍を指導し国民に軍事知識を普及させるための教育的な努力を、軍部自らが放棄したことを意味している。この時点から、日本陸軍、海軍を通じて、軍隊の運用を秘密のベールでおおい隠そうとする努力が始まり、それは軍機保護法、あるいは国防保安法、治安維持法といった厳しい法律の制定によってさらに著しく促進されるようになる。

軍事評論の封殺

このように、軍隊の運用についての客観的かつ科学的な論議を禁止した法律の制定によって、日本では第二次世界大戦が終わるまで、欧州あるいは米国で言うところの「軍事評論家」という職業は成立しなかった。軍事知識はもっぱら軍人、それも現在軍隊に在職する現役将校の独占物とされ、一般の研究者が軍事問題についてふれることは、あるいは発言することは、極めて厳しく抑圧されたのである。

「軍事評論」の否定は、軍隊が、自ら進歩する努力を放棄したことを意味する。客観的な資料に基づく評論の存在は、軍隊に対する批判につながるが、同時にこの批判を通じてのみ、軍隊は進歩していくのである。「軍事評論」の全面的な封殺は、日本陸海軍の持つ古い体質、あるいは技術のたち遅れを、国民の前からおおい隠すことにもつながった。

世界最強の軍隊イコール日本陸海軍、というイメージは当然のことながらこうした秘密主義と結びついている。日本陸軍の装備、あるいは艦艇が世界一の性能を誇るものであり、これを操作して闘う日本軍人は精神力においても技術水準においても戦闘能力においても、世界を圧倒しさる最強の軍隊であるという宣伝は、軍人の自己満足を強めると同時に、新しい技術を日本陸海軍に導入するうえで、大きなマイナスの効果を発揮した。

ここに至って『戦争論』は、軍人の必読書ではなく、むしろ左翼勢力を支える理論家たちの必読文献になるのである。前述したように、本格的な翻訳は、岩波文庫の馬込健之助によるものである（昭和八年初版）が、この解説ページにも『戦争論』が左翼知識人のための書であることが明記されている。高級将校たちは、『戦争論』など名前は知っていても読んだことがないという人が圧倒的だったと言ってよい。

将校の知的退廃を促したもの

とくに、昭和二年に制定された「統帥綱領」あるいは「戦闘綱要」といった戦略・戦術に関する典範令は、日本陸軍の高級将校たちが近代的な軍事科学を勉強する必要性を拒否する役割を果たした。最高の教育機関である陸軍大学校に入学する青年将校は、日露戦争前と違って、欧州の近代的な軍事科学を勉強するのではなく、もっぱら日本陸軍が制定した典範令を丸暗記することしか許されなかった。その結果は、高級将校の戦闘を指揮する戦術能力の低下であり、複雑多岐な近代戦を闘いぬくための不可欠の政治・経済・社会に関する広範な知識を学ぶという意欲の喪失であった。

海軍でも、この点は変わらない。海軍大学校に入学した学生は、「海戦要務令」という秘密文書を全文丸暗記すること、つまりこの「海戦要務令」に規定されたとおりの海上戦闘を図上演習によって学び、かつその指揮に習熟することが、受けた教育の中心であった。このようにして、昇進していく海軍の高級指揮官は「外部からの批判を一切受けず、部内にあっても、もっぱら部下にちやほやされるだけの存在」（高木惣吉少将談）になり下がってゆく。そこでは近代戦に欠かすことのできない柔軟な思考方式、あるいは判断能力が一切奪われ、かつて陸軍大学校、あるいは海軍大学校で学んだのと同じ状況を無理矢理にも戦場で見出そうとするだけの知恵しか持たない高級指揮官を、日本陸海軍は作り上げてしまったのである。フランスの軍事史家、カステランが指摘するごとく、日本軍将校は、「戦場においても、学校の図上演習で学んだのと同じ状況を発見することに努めた」（『軍隊の歴史』）のである。

こうした硬直した思考方式、あるいは柔軟性を欠く判断能力しか持たない高級指揮官には、したがって格段の能力を持たない凡庸《ぼんよう》な人々ばかりが揃《そろ》うことになった。そこで、体力気力に優る参謀将校が、それら老齢化し体力気力に衰えを見せた高級指揮官をおさえて、軍隊の指揮権を掌握する「幕僚政治家」として力を得ていく。これはとくに陸軍において著しい傾向となる。

軍部の秘密主義がもたらした悲喜劇

このように、急速に知的退廃に陥った日本陸海軍は、第二次世界大戦に敗れるまで、ついにその弊害を自ら克服することに成功しなかったが、これは、先ほども述べたように、第二次世界大戦が終わり陸海軍が解体されるまで、日本に「軍事評論」という知的部門が欠けていたことと大いにかかわっている。

もちろん民間に軍事科学に関心を持つ知識人がいなかったわけではない。だが彼らは、当時の軍部指導者の考え方を批判する限り、先にあげた国防保安法、治安維持法といった法律に抵触するとして訴追され、筆を折るか、あるいは陸軍、海軍の宣伝屋に堕落するか、そのいずれしか選ぶ道がなかったのである。多くの軍事評論家は戦前においては、大部分が後者の道を選ぶ。これは「軍事評論」を職業とする限り、日本においてはやむを得ざる選択であったと理解すべきであろう。ごく少数の軍事評論家だけが前者の道を選んだが、海軍出身の水野広徳大佐はその典型と言っていいだろう。

軍部の秘密主義は、第一次世界大戦で始まった本格的な「国家総力戦」に対応して、国民の軍事知識を高揚しなければならない時代にあっただけに、いっそう悲劇的であり、また時代に逆らったという意味でまさしく喜劇でもあった。

ヨーロッパにおける自由な軍事評論活動

西欧では、第一次世界大戦後、急速に民間の軍事評論家が増えてくる。第一次世界大戦で、戦禍を経験し第一線で部隊を指揮する体験を持った民間人が、戦後は「軍事評論」を職業とする方向にすすんだのも当然である。英国のリデル・ハートは、『タイムズ』紙の軍事記者、米国のハンソン・ボールドウィンは『ニューヨーク・タイムズ』の軍事記者として、それぞれの紙面に鋭い視点から軍部を批判する「軍事評論」を絶えず掲載していた。こうした民間の軍事評論家の論評は、言論の自由、議会制民主主義と結びついて、各国の軍部に強い影響を与え続けたのである。

第一次世界大戦で敗れたドイツでも、軍事評論家が多数生まれた。ベルリン大学の歴史学教授であったハンス・デルブリュックは、第一次世界大戦直後軍事評論家としての名声を確立する。さらに第一次世界大戦で戦争を指導した多くの将帥たち、ルーデンドルフ、ファルケンハイン、ヒンデンブルク、フォン・デル・ゴルツなどが、回顧録の形で戦争指導の具体的な内容を明らかにした。それがまた「軍事評論」の領域に参加する人々の数を著しく増やしたのである。

さらに、第一次世界大戦の敗戦後ドイツ共和国が制定したワイマール憲法は、フランスなどに比べてもはるかに広い言論の自由を保障しており、したがって、戦前はタブーとされていた軍事問題に発言しようとする知識人の数が増え、彼らはあげて「軍事評論」の分野で健筆を振るうことができた。

第一次世界大戦後成立した新しい国家ソ連では、スターリンが独裁体制をしくまでの約十年間、これまた徹底した言論の自由が保障された。この時期、多くの軍事評論家が盛んな活動を展開する。革命の始祖であるレーニンですら『戦争論』を熟読し、それについての論評を『哲学ノート』のなかでまとめている。革命戦争に引き続くポーランド戦争（一九一八年）などが、それぞれ原資料に照らしてまとめられ、鋭い軍事評論家の批判の対象となった。

軍事制度への影響

米国においても、先にあげたハンソン・ボールドウィンの他、多数の軍事記者、あるいは軍事評論家が世にその労作を問うた。彼らの筆を通じて、米国の国民のみならず、英語を読み、書ける世界の人々は、世界の軍事技術の最先端を理解し、かつ軍隊を運用する際の技術、原則について詳しい知識を得ることができたのである。

こうした自由な言論による「軍事評論」の展開は、それぞれの国の軍事制度にも強い影響を与えずにはおかなかった。

また、軍事科学は、十九世紀末から第一次世界大戦までのように、もはや軍人の独占物とはみなされず、軍事が国家の最も重要な権力を支える基本的な手段である以上、国政に参与する権利を持つ国民なら誰しもが軍事問題に対して自らの見解を発表する自由を持つ、という空気が世界の大勢を占めるようになった。

このような世界の動きのなかで、日本海軍は、日露戦争後急速に秘密主義、閉鎖主義をとったことになる。

明らかに時代に逆行する動きである。民間の批判を拒否すること、それは軍事費を税金の形で負担する国民からの批判を軍人が否定することであって、このことは軍人が税金という形で国民に課されている義務を無視して、いわば国民を食いものにする考え方にもつながっている。「軍事評論」の否定は、まさしくこうした軍人の独善的な態度につながるのである。

「真空地帯」としての「兵営」

さて、話をもとにもどそう。最も大きい問題は、先にもあげたように、明治四十年「帝国国防方針」に示された、日本を「島国」と考えるのではなくアジア大陸の「強国」すなわち「大陸国家」と考えなければならないとする陸軍の基本的な発想である。

当時の軍事制度は、徴兵制に基礎を置いており、国民は兵役の義務を負わされていた。すなわち、年間十万人を超える青年が毎年軍隊に徴集され、社会とは隔絶した「兵営」のなかで厳しく鍛えあげられることになっていた。

日露戦争までは「兵営」は単なる軍隊の駐屯所という考えであった。したがって、民間人といえども自由に「兵営」を訪れることができ、そのなかを歩き回ることさえ、ごく一部を除いては公認されていた。だが、日露戦争後の日本陸軍は、「兵営」を日本国の一部、すなわち社会の一部と考えるのではなく、社会とは隔絶した真空地帯に切りかえようとした。つまり、「島国」の国民である日本人を、まったく性格の異なる「大陸国家の国民」として、精神的にも肉体的にも鋳造し直そうとしたのである。例えば、歩き方一つをとっても、「島国」の国民は別に大股《おおまた》で急いで歩く必要はない。だが、「大陸国家」の国民はそうはいかない。広い地域をなるべく速いスピードで移動しなければならない。歩き方一つをとっても、「島国」の国民とは歩幅も、歩数も違ってくる。日露戦争までは、こうした日本人の特性、すなわち「島国」の国民であることをそのまま素直に認め、それに適応した肉体的訓練をほどこせばよしとされた。だが戦後は、歩幅七十五センチメートル、一分間百七十五歩という「大陸国家」の国民としての歩調をまず徹底的に訓練することから、新兵の訓練が始まったのである。

「兵営」に入った新兵は、一般社会を「シャバ」と呼び、そこから隔絶され、孤立した閉鎖社会としての「軍隊」の一員であると自覚することを強制された。一般社会人のことを「地方人」と呼ばせ、軍人よりも一段下の存在であることを徹底して教育するとき、「兵営」はそのまま社会から隔絶した「真空地帯」にならざるを得ない宿命を持っていた。

こうした「兵営」内部の生活は、そこに強制的に連れ込まれた青年にとっては、耐えがたい負担、とくに精神的に重い負担であった。肉体労働に明け暮れた農村の青年ならば、肉体的な訓練はそれほどの負担ではない。むしろ、農村生活よりも一段レベルの高い衣、食、住が保障されているということに大きな満足感を味わうことができた。だが、都市での自由な生活、とくに精神的制約の少ない学校生活を送ってきた青年にとっては、こうした厳しい精神的圧迫はまったく耐えがたい負担だったと言ってよい。

自由な精神が否定された軍隊

このように、青年を「軍人」に脱皮させようという目的を持った軍隊教育は、当然のことながら、自由な精神生活を否定するものであった。

「兵営」の内部では、新聞、雑誌、書籍はすべて持ち込み禁止、隊長の許可のある、ごく限られた印刷物だけが兵士に許された文化の香りであった。厳しい精神的負担を強要する軍隊生活に対して、知識人が反発するのは自然の勢いと言わなければならない。

大正以降、すなわち明治四十年の「帝国国防方針」がいよいよ具体的に実行に移されていく過程において、軍隊と知識人との関係は尖鋭《せんえい》な対立に発展していく。かつて明治時代、社会の最先端をいく知識人であった軍人は、もはや社会の発展に何ら貢献することのない頑固な保守勢力の代表に落ち込んでしまう。若年の将校であっても知的向上心がまったくなく、ただ軍人としての権威をかさに威張ることしか知らないものばかりになっていく。知識人と軍人との対立は一段と鋭いものにならざるを得なかったのである。

第二次世界大戦で敗れた日本陸海軍は、徹底的に解体されたが、その後に残ったものは、実はこうした知識人の「反軍思想」である。敗戦は、知識人の「反軍思想」が正当であったことを具体的な形で国民に提示した。これに対し、かつて軍事科学を独占してきたはずの軍人は、敗戦によって軍隊が解体され、その権威がまったく失われてみると、実は一般の知識人に比べて、さらに一般の社会人に比べてすら、生活能力も知的能力も大幅に劣る存在であることが白日のもとにさらされたのである。

「平和憲法」の制定

こうした関係は、戦後においてもう一段屈折せざるを得ない事情を生んだ。それは、米軍の占領と、いわゆる「平和憲法」の制定である。米軍は、占領後、日本陸海軍を徹底的に解体するだけでなく、日本人の意識をも変えて、日本が再び強大な軍事力を持つことのないようにしようとした。この占領軍の政策は、徹底して遂行された結果、その後米国が占領政策を変更して非武装政策から再軍備に移行させようとしたときに、むしろ阻害要因に成長していた。

徴兵制という重い負担から解放された日本人は、再びそのような負担を認める気持にはなれなかった。徴兵制そのものが、先にあげた「島国」という本来の日本の姿に対応したものではなく、まったくこれと反する「大陸国家」に日本を持っていこうとする陸軍の政策と直結していたというイメージを、日本人一般が強く持ってしまったからである。

「平和憲法」の制定で、日本は国策の遂行手段としての武力行使を否定する世界最初の国家となった。これは必ずしも日本それ自体を防衛する自衛権の否定ではないが、日本は第二次世界大戦前と違って国策を遂行するために軍事力を行使しないという建前を明らかにしたのである。

戦後の日本の歴史を考えるうえで、第二次世界大戦の敗北とその後の米国の占領の影響を無視できない。とくに日本と周辺諸国との関係を規定する多くの課題に、極めて強い影響を与える問題を検討するには、憲法の性格を重視しなければならない。しかし結果としては、昭和憲法に規定された平和条項のおかげで、一度も戦争に巻き込まれることなく、国内に平和を維持できた。この基本路線の効果は極めて大きく、日本の経済成長も世界一の平均寿命もすべて、この平和路線の成果といえる。

しかし、同時に、このことが日本人全体の軍事問題に対する理解を欠如させることにもなってしまった。

とくに戦後の日本人にとって、軍備即戦争という理解が定着してしまった。軍事問題を研究することが「軍国主義」につながるとする考え方が、日本国民の頭のなかに定着したのである。

軍事研究イコール軍国主義か

現実には、世界は相変わらず力対力のからみ合いによって動かされているのであり、この力を構成する一つの大きな要素が軍事力であることはまぎれもない事実である。そして、日本は巻き込まれていないとはいえ、この六十九年間世界のどこかで絶えず戦争があり、かつ民間人を含む莫大な死者が出ている。日本人はこうした現実に目をふさぐことによって、自らを「平和国民」と称し、自己満足を味わうことになったのである。

と同時に、この「平和憲法」は、日本自体を防衛するための軍事力である自衛隊に対し、他国の軍隊には見られない厳しい多数の法的規制を課することになり、その軍事力の展開に重大な支障を生ずる事態を引き起こすことにもなった。

このように、日本を取り巻く現実と、日本国内の一般人の感覚とのあいだのずれは、今後ますます強まっていこうとしている。そしてこのことは同時に、日本の経済力が世界有数のものになってきた今日では、日本の国際的役割をめぐって、一種の国際摩擦を引き起こす結果にもなっているのである。

日本をめぐる国際摩擦

日本をめぐる国際摩擦は、大きく分けて、貿易問題を中心とする「経済摩擦」と、日本あるいは日本の周辺地域の軍事情勢に日本がどのように働きかけるかをめぐっての「防衛摩擦」とに分かれる。前者は、純粋に経済的なものであり、これは景気の変動、あるいは世界経済の発展状況によってかなり左右される。後者は、言わば日本国のあり方自体にかかわる問題だけに、消えることなく絶えずくすぶり続けるであろう。それは避けがたいことなのである。

こうした苦しい状況のもとにおかれて、日本人は初めて、世界の情勢が何によって動かされているかを検討させられることになった。第二次世界大戦前に欧米諸国で流行した「軍事評論」は、こうして初めて日本でも知的活動の一つの分野として公認されることになったのである。日本人にも国際情勢の認識の欠如に対する反省がようやく生まれてきたと言えよう。これが、『戦争論』の解説書が隠れたロングセラーとして登場してくる背景である。平和国家を標榜《ひょうぼう》する日本の基本路線についてあらためて考え直す時期がきていると言えるのではないだろうか。

今日の日本には『戦争論』の翻訳書、解説書は十五種類も存在する。戦前の馬込訳が全面的に改訳されて、篠田英雄訳で同じく岩波文庫から出され、他に大橋健夫による訳のものなどがある。これは戦前とは好対照である。戦後における言論の自由が、このような現象をもたらしたと言ってよいのではないだろうか。

民間における軍事教育の欠如

戦後の日本は、戦前とまったく異なる言論の自由が確立された。また二十世紀の後半は軍事技術の驚くべき発展があったうえ、その中心となった核兵器と、地球上どこにでも射程に入るミサイルの進歩が、間接的ながら全人類の死滅につながる問題とされたため、軍事技術の発展に関心を持たざるを得なかった。また、第二次世界大戦に敗北した日本では、その戦時中の経験を総括する必要を感ずる人々が多数存在していたから、戦史の研究も当然活発だった。どの交戦国でも戦争が終わった後、戦争の経過、その経験を客観的に総括する必要がある。また戦史の研究という作業は戦後の軍事部門の大きい役割を占める。どの国の軍部でも軍事組織の中核とも言うべき参謀本部に、戦史を研究する部門を整備している。日本でも自衛隊の幹部養成組織である「防衛研究所」に戦史部を設けている。

だが、他の国と日本との大きい違いは、日本では民間での軍事教育がまったくない点である。他の国では、どの大学にも軍事教育を担当する部門がある。徴兵制をとっている国では、大学卒業者を予備役の将校とする目的で、基礎的な軍事教育を施す組織を整備している。日本にはこうした教育機関がまったく存在していない。

もともと軍事という分野は、極めて広い範囲の知識を総括した学問である。政治、経済、技術、歴史、地理、医学といった広い分野の知識を必要とする。右記にあげた戦後の軍事技術の急速な進歩に伴う知識は、その内のごく限られた分野に過ぎない。それだけで、軍事全体を論ずるというのは、明らかに誤りと言わざるを得ない。しかし軍事問題を全体にわたって論ずるには、はるかに大量の知識を学ばなければならない。それには、基礎から体系的な、組織的な教育を必要とする。その教育を提供できる機関は、いまの日本では唯一つ自衛隊の幹部を養成する「防衛大学校」しかないのが現状である。その卒業生のなかから民間に転出して、軍事評論家の道を選ぶ人が何人か世に出てき始めた。こうした経歴の持ち主は、日本にとって貴重な存在である。

正確さに欠けた軍事評論家たちの解説

二〇〇一年の同時多発テロの処理にあたって、軍事作戦の推移を予測する仕事に関連して多くの軍事評論家と称する人たちが、テレビの画像に登場した。また週刊誌の記事にも解説を執筆するケースが大幅に増えた。だが、その内容は正確さに欠けたと言わざるを得ない。例えば、テロ発生と同時に隣国のパキスタンは米国政府の強圧を受けて、それまでの路線を一転させ、自ら生み、育ててきたアフガニスタンの支配権を握っていたタリバンを見捨てた。それは直ちにパキスタンからアフガニスタンへの物資の流入を全面的に遮断することだった。この経済的な封鎖は、食糧、燃料の自給ができないアフガニスタンにとっては、戦争を遂行するのに絶対欠かせない燃料の欠乏を意味した。タリバン軍の保有している旧ソ連製の戦車は、燃料の欠乏で単なる鉄くずになった。その時点を見定めて攻撃を開始した反タリバン勢力の北部同盟軍の戦車の進撃を阻止する能力を、タリバン軍は完全に喪失していたから、優勢な兵力を持っていたはずのタリバン軍は、一瞬のうちに崩壊したのである。

だが、日本の軍事評論家のなかに、こういう簡単な事実を指摘した人はいない。この同時多発テロの処理をめぐる軍事作戦は、政治の正確な指導がいかに有効かを端的に言って、見事に立証した好例である。

第四章

歴史が語る戦争と軍隊

第一節　軍隊の歴史

古代国家の成立と軍隊

本章では、古代から現代までの軍隊の歴史を簡単に辿《たど》ることによって、武器としての「核兵器」が人類に対して持つ意味を考察してみたい。

人類の歴史を遡《さかのぼ》ってみれば、かつては民族全体、国民全体が軍隊であった。古代の歴史をひもとけばわかるように、あらゆる民族は、隣接する民族とのあいだに発生した武力紛争を、民族の成年男子人口全体で構成される軍隊によって戦った。

その実例としてクラウゼヴィッツはタタール族をとりあげて論じている。隣接民族との武力紛争において敗れた側は、その民族全体が勝利した民族の奴隷にされるか、全員がそれこそ文字通り老若男女問わず殺戮《さつりく》された。すなわち古代においては、敗戦はそのまま一方の民族の全面的な滅亡を意味していた。

古代国家が成立する過程で、この「国民皆兵」あるいは「民族皆兵」から一歩進んで、「職業軍隊」あるいは「傭兵《ようへい》」、すなわち軍人を職業とするグループが発生してくる。古代において、多くの戦争に勝ち抜き、広大な領土を持ち、多数の民族を支配下においた「世界帝国」は、例外なく「職業軍隊」を保有していた。

例えば、ローマ帝国では「レギオン」と称する常備軍を備えた。彼らはローマ皇帝から金銭の供与を受けて戦争に従事する「職業軍人」の集団であった。彼らは、最初はローマ人のみであったが、帝国の領土が拡大するにつれ、ローマ人以外の異民族をも含むようになり、帝政の末期にはすべてが異民族によって構成されるようになった。そしてその最高指揮官が皇帝に就任するという慣行が、すでにローマ時代において確立したのである。そこに、もっぱら戦争に従事する軍隊と、軍隊を支え、彼らに守られて平和的職業に従事する国民との分業が発生する。

中世の軍隊

古代帝国が崩壊したあと、中世では、同じく「職業軍人」として貴族あるいは武士が発生する。彼らは職業として戦争に従事するだけでなく、その保有する軍事力によって多くの農奴を支配下においた。

クラウゼヴィッツによれば、中世における大小の君主制国家は、いずれも臣従関係によって組織された封建制軍隊をもって交戦していたという。この時代の武装と戦術は、個人間の闘争に照準を合わせていたため、大集団には適さなかった。戦争は敵を懲《こ》らしめるために行われたので、兵士たちは敵の家畜群を奪い去ったり、敵の城市を焼き払ったりするだけで故国へ引き上げたのである。

やがて、中世の軍隊は、十六世紀はじめに中国から伝わり、その後幾多の改良が加えられるようになった鉄砲の使用とともに、急速に変質していく。

重要兵器としての鉄砲

日本においては、戦国時代の末期に種子島《たねがしま》を経由して渡来した鉄砲は、わずか三十年足らずのあいだに全国に普及する。たちまち当時の「封建軍隊」にとって欠かすことのできない重要兵器としての地位を占めたのである。かつて平安時代に発生した武士は、主として弓、刀、長刀などを武器とし、騎兵がその中心であった。しかし戦国末期に導入された鉄砲の威力の前に、彼らはその存在意義を失う。軍隊の主力は農民から集められた足軽集団に移り、彼らが使用する鉄砲の威力は、それ以前の騎兵集団の存在意義を完全に失わしめたのである。織田・徳川連合軍対武田軍の決戦、有名な長篠《ながしの》の戦いがそのよい例である。

このように、十六世紀末の日本では、天下統一の主体は、いわば鉄砲を装備した足軽集団からなる封建軍隊であり、その指揮官が織田信長、豊臣秀吉、徳川家康であったのである。彼らはやがて全国を統一し「封建体制」を築き上げるのである。

近代国家の成立

欧州でも、ローマ帝国のあとをうけた封建国家が相次いで崩壊、その後にいわゆる近代的な国家が成立していく。十五世紀から十六世紀にかけて、英仏間で戦われた百年戦争を契機に、英仏は、それぞれ「民族国家」としての形態を整備し始める。

こうした「近代国家」を支える基盤は、国王に統轄される「常備軍」である。この「常備軍」の発達が頂点に達したのは十七世紀のルイ十四世の時代である。この軍隊は、徴募と俸給によって維持され、国家権力の強大化に貢献した。

彼らは、その当時の最新兵器であった鉄砲、マスケット銃、火縄銃を装備し、さらに初歩的なものではあったが大砲を持ち、封建貴族の城を片端から撃破して、国内に統一的な支配体制を築き上げたのである。

十七世紀初頭に「国民国家」として成立した英国、フランス、ロシアに対し、ヨーロッパ中央部にあるドイツ、イタリアは、相変わらず統一的な中央権力を保有することができず、いわば小国が連立して形成する「連邦」の形態をとらざるを得なかった。十七世紀、ドイツを主戦場として戦われた三十年戦争は、まさしくこうした政治体制の弱体なドイツでの支配権を争った、最初の「近代戦争」である。

国王の私物としての軍隊

当時の軍隊、常備軍は君主の所有物とされ、現金の給料を受け取る「職業軍人」の集団でもあった。この軍隊は、国王の信任をうけた将校と、彼らが給料を代償に駆り集めた傭兵とからなっていた。

そこには民族的な統一性はない。国王に忠誠を誓い、奉仕することを誓った将校は、出身地、あるいは民族による差がない。例えば、三十年戦争の偉大な将師であったバレンタインはドイツ人であったが、彼の部下には多くのフランス人、英国人、イタリア人の将校がいた。三十年戦争のもう一人の主役であるスウェーデンのグスタフ・アドルフ王も、多くの他民族出身将校をかかえていた。

傭兵は、こうした将校によって徴集され、彼の命令に服して戦うのだが、戦争が終われば再び軍隊から追い出される不特定多数の浮浪者、あるいは農民からなっていた。

常備軍の発展

当時の常備軍は、前述したように国王の所有物であった。国王は常備軍を維持するための経費、すなわち軍費を支給し、その軍隊を指揮する将校を任命する。そして、傭兵に給料を支給し、かつ武器を与え、衣服を支給し、訓練をほどこし、戦闘にあたらせる責任は、それぞれの単位部隊を指揮する将校にあるとされた。

国王は、常備軍が自分の忠実な政策遂行の道具であることを期待するだけであり、将校はその国王の信任をうけて、軍隊を徴集し、訓練し、戦闘する「職業軍人」なのである。軍隊の大多数を構成する兵員は、この職業軍人たる将校が提供する給料をめあてに戦闘に従事する、一時雇いの兵隊たちであった。

十八世紀末、フランス革命が発生するまでに、この常備軍は急速な発展を遂げる。歩兵、騎兵、砲兵と三つの兵科が独立し、さらに陣地の構築あるいは要塞の攻撃にあたるための工兵が発生する。それぞれの兵科のなかでは、部隊が次第に組織化され、歩兵なら連隊、大隊、中隊、小隊、分隊と整然としてくる。同時に、近世初期には、それぞれの単位部隊は指揮する将校の私有物として扱われた。例えば中隊長は、自分の中隊を私有財産とみなしていた。そして、二百人からなる歩兵中隊ならば、その二百人分の給料、食糧、衣服など、軍隊を維持するのに欠かすことのできない経費は、国王から直接、あるいはより上官の連隊長、大隊長を通じて中隊長に与えられ、中隊長はその範囲内で自分の中隊を賄わなければならなかった。したがって、兵隊にはできるだけ安い給料、粗末な食糧、衣服を支給することにとどめ、国王から与えられる中隊を維持するための予算を浮かせようと中隊長が考えても、不思議はない。

こうした制度が傭い兵制度なのである。したがって、中隊長は所定の給料の他に、自分の中隊を維持するための経費をピンハネすることによって、財産を増やす機会がつかめる。そこではそのピンハネの収益と、その階級に与えられる給料との合計が、中隊長の収益とみなされ、この収入を得るために、中隊長の職を前任者から買いとる「売官制度」がごく普通のものとなった。この意味で、近世の軍隊は一種投資の対象と考えられていたのである。将校の職はまさしくそれである。

フランス革命戦争

もちろんこうした制度は、急速に改善され、将校は十八世紀初頭においては、指揮する部隊の所有者の地位から単なる命令者の地位に変わっていく。すなわち、中隊長が直接自分の中隊に、給料、食糧、衣服を支給するのではなく、国王が任命した経理担当者（主計）を通じて支払う制度ができあがっていく。ほぼ今日の姿に近い軍隊が成立するのである。十八世紀末に発生したフランス革命は、それまでの常備軍という、将校と傭兵の二つの階層からなる制度を破壊した。国王に忠誠を誓った将校たちが国王を死刑にした革命政府を嫌うのは当然である。彼らは、一斉に国外に亡命して、そこでフランス革命政府を破壊するための軍隊を編成する。また、英国、オーストリア、ドイツの諸国は、フランス革命が自国に波及することを警戒して、こうしたフランスからの亡命将校（貴族）を援助した。

そこにフランス革命戦争が発生する。フランス革命政府は、将校を失い、秩序が著しく混乱した軍隊を急速に強化するための方策として、それまでの傭兵に加えて徴兵を導入する。その成功の背後には、革命政府が、それまで貴族に独占されていた土地を農民に解放したということがある。貴族による激しい収奪から解放されたフランスの農民は、その自由と経済的利益を守るため、革命政府を支持する。この気分に支えられて、フランスの青年たちは喜んで革命政府による徴兵に応じていったのである。

こうして成立したフランス革命政府軍は、たちまちのうちに三十万に達する兵力を保有することになった。そしてこの膨大な兵力をどのように維持、管理するかが、新しい大きな課題となって登場してくる。

革命政府が直面した問題

それまでの常備軍は、国王が自ら指揮をとるか、あるいは国王の任命した将軍がその指揮をとったが、現在の軍隊組織に見られる軍団、師団、旅団という編成はなく、歩兵、騎兵は連隊どまり、砲兵は中隊どまりが最高単位であった。そしてこれをいくつか組み合わせて作戦行動をするというのが、その当時のやり方であった。

しかし、こうしたやり方では、二万、あるいは三万の兵力を指揮するのがせいぜいである。それ以上の大兵力になれば、国王あるいは国王に任命された最高指揮官の命令が、末端まで徹底するという保証はどこにもない。

フランス革命政府が直面した問題は、まさしくこの大兵力の管理体制であった。そこで考えられたのが、軍団、師団、旅団という「大単位」あるいは「戦略単位」と呼ばれる大組織である。この組織の指揮にあたるための専門の組織が「司令部」と呼ばれた。

ナポレオンは、フランス革命政府の陸軍大臣カルノーが作り出したこの「戦略単位」のもとに完成した大兵力の管理体制をフルに活用して、一八一五年ワーテルローの戦いに敗れるまで、ヨーロッパ全土を事実上支配した。

クラウゼヴィッツは、十八世紀に戦われた常備軍同士の戦争の最も著名なものとしてシレジア戦争をあげている。

近代軍隊の成立と三つの特徴

十九世紀はじめに成立した近代軍隊は、三つの際立った特徴を持つ。その一つは、徴兵制である。すなわち、国民のなかから最も体力があり健康な男子人口を軍隊に徴集し、これによって軍隊を構成するという制度である。もちろん平時の英国や米国のように、志願兵だけで軍隊を構成する国も一方にあるが、大部分の国家は現在においても、この「徴兵制度」を軍事制度の基本にすえている。

第二の特徴は、中央政府の厳しい管理体制が末端にまで行き届いている官僚体制であることである。どこの国の軍隊も、すべて法律、さらにそれに基づいて制定された多数の規則によって運用される。旧日本陸軍では、それらの規則は「成規類聚《せいきるいじゅ》」と呼ばれ、全体で数万ページを越える膨大なものであった。このなかに、軍隊の管理ならびに行動に必要なすべてが文書化されている。近代軍隊とは、同時に巨大な「官僚組織」なのである。

第三の特徴は、軍事技術である。近代軍隊は、その装備において、巨大な破壊力を持つ「核兵器」から、一人の兵隊が装備する小銃あるいは拳銃にいたるまで、大量の武器を必要とする。この武器を設計し、生産し、かつ運用するのが「軍事技術」である。この軍事技術は、それ自体破壊を目的にする点で、一般の商品を生産する「生産技術」とは徹底的に区別される。

以上三つの特徴は、時代が経過するにつれてますます際立ったものに変化していく。例えば、第二次世界大戦では、米国は約千八百万人、日本は約千三百万人、ドイツは約二千万人、ソ連は約三千万人、英国ですら約八百万人の兵員を軍隊に徴集した。

これだけ膨大な人員を持つ軍隊を維持、管理するということは極めて困難な問題を伴う。大量の人員に兵器、衣服を与え、燃料、食糧を支給し、かつ医療制度を完備させ、特定の戦場に輸送し、そこで戦闘をさせるということは、実に巨大な管理組織を必要とするだけでなく、その軍隊の運用は、まさしく国の政策そのものの遂行と密接不可分の関係を持つ。

第二次世界大戦の教訓

さらに、第二次世界大戦は、より優れた兵器をより大量に装備している軍隊でなければ戦争に勝てないことを教えた。兵器を開発し、生産し、補給する仕事は、国民経済の総力をあげてもまだ不足するほどの重い負担を発生させる。それこそ、国家の総力をあげて投入しなければ戦争に勝つことはできない。

このようにあらゆるものが肥大化してくると、人口、工業力、輸送力、さらにあらゆる資源を、有形、無形を問わず戦争目的に動員し得る力量が、あらためて政治家に問われるようになる。

第二次世界大戦の厳しい教訓の一つは、このような政治家の能力に戦争の結果が依存するという厳しい事実であった。

第二次世界大戦の末期に開発された「核兵器」は、まさに軍事技術の頂点であると言ってよい。第二次世界大戦後のこの「核兵器」と、その運搬手段としての「ミサイル」の急速な発展は、もはや一国だけでは次の戦争に対応できないことを明らかにした。そこに国家間のブロックが結成される。自由陣営ではＮＡＴＯ、共産陣営ではワルシャワ条約機構という、共通の「戦争目的」あるいは「防衛目的」を掲げた軍事同盟体制が成立することになった。

さらに「核兵器」の巨大な破壊力は、政治そのものをも消滅させかねない危険に、各国の政治家を直面させている。したがって、政治家は「核兵器」を使用することなく自国の政治目的を達成しなければならない。それがいわゆる「通常戦争」である。

捨て切れない「核兵器」への誘惑

「核兵器」が出現し、その開発が進むにつれて、全世界は一瞬のうちに崩壊の危険にさらされる可能性におびやかされるようになった。その唯一可能な解決法は、国際条約によって「核兵器」の使用を禁止することである。しかしこれだけでは不十分であった。

「核兵器」は極めて小型でありながら強大な破壊力を持っており、単に国際条約という相互信頼に基づく文書による制約だけでは、その破壊力を利用することによって生ずる自国の極めて有利な結果への誘惑を抑えることができないからである。

例えば、「核兵器」の使用禁止条約ができたとして、すべての国が「核兵器」を全面的に破壊したはずであるのに、どこか一国が数発の「核兵器」を保有していたとする。そしてそれを使用すると脅迫することによって、自国の「政治目的」を実現しようとする可能性がある。

そこで、国際条約の履行を完全に確認する「査察」という新しい手段が求められることになる。だが現実には、「核兵器」は極めて小型であり、地下の弾薬庫に保有することが十分に可能である。地球の周りを偵察衛星が常時飛びまわって監視体制を作るとしても、地下の弾薬庫に保有された「核兵器」まで摘発することは事実上不可能と言ってよい。そこに「抑止力」としての「核兵器」の存在を必要とする条件が生まれたのである。

「核兵器」は、このように極めて強大な破壊力を持つがゆえ――例えば、広島の場合、ごく初期の型でありながら一発でTNT（高性能火薬）二万トンの破壊力を持ち、一発で十三万人を超える死者を発生させることに成功した――あまりにも魅力があり過ぎたのである。

言いかえれば、「核兵器」は人類にとって逃れがたい業《ごう》のようなものであった。「核兵器」は人類全体の破壊をもたらす「悪」であるとしても、それを捨て去ることができなかったのである。そこに人類の悲劇があったと言ってよい。

第二節　核兵器開発競争の終わり

軍事理論の役割

軍事力を行使する場合に最も重要なものは政治である。同時に、軍事力を運営する方法とその理論的な分析、すなわち「軍事理論」の役割も無視できない。

ここでクラウゼヴィッツの言及している軍事理論および戦術と戦略の違いを確認してみよう。

戦争の準備に必要な知識と技能とは、戦闘力の創設、訓育および保持を建前とする。理論家が、これらの知識および技能にどのような一般的名称を与えようとも、我々の関するところでない。いずれにせよ砲術、築城術、いわゆる基本戦術、戦闘力の編制と管理、およびこれに類する一切の事項が、かかる知識と技能とに属することは明らかである。これに反して戦争の理論そのものは、これらの訓練された手段（戦闘力）を、戦争目的を達成するために使用する仕方を論じるのである。従って戦争の理論は、戦争の準備に必要な知識と技能から生じた結果だけを必要とする、換言すればかかる知識と技能とから引継がれた諸種の手段のそれぞれの特性を知るだけでよいのである。我々は、このような戦争理論を狭義の戦争術、或は戦争指導の理論、或はまた戦闘力使用の理論と名づける、しかし我々にとっては、これらの名称はすべて異語同義にほかならないのである。（上・一五二頁）

ところで狭義の戦争術は、更にまた戦術と戦略とに区分される。すると戦術の任務は個々の戦闘にそれぞれ形を与えることであり、また戦略の任務はこれらの戦闘を使用することである。なお戦術も戦略も、戦闘を介してのみ行進、野営および舎営のような戦闘外の状態に関係する。つまりこれらの状態は、それが戦闘の形成に関係するか、それとも戦闘の意義に関係するかに応じて、戦術的な事項ともなれば戦略的な事項ともなるのである。（上・一五三頁）

戦略空軍主義が戦略核兵器を生んだ

例えば、第二次世界大戦で極めてはっきりした形で示されたものとして、「戦略空軍主義」がある。米国が主として開発したのだが、大型の重爆撃機を使って敵国の本土を戦略爆撃し、それによって敵国の降伏をもたらそうという考え方である。これに対し、第二次世界大戦に参加した交戦国のほとんどすべては「戦術空軍主義」をとった。これは陸軍や海軍の作戦を支援し、援助するものとして空軍を使用するという考え方である。

「戦術空軍主義」をとった各交戦国では、米国のようにB17、B29という、長距離を飛び大量の爆弾を搭載する「戦略爆撃機」ではなく、小型の戦闘機、爆撃機の開発に力を注いだ。そのことが第二次世界大戦の勝敗を分かつ決定的な役割を果たしたとは言いがたいが、この「戦略空軍主義」が、第二次世界大戦後のＩＣＢＭ（大陸間弾道弾）に核弾頭を装備するという、いわゆる「戦略核兵器」の出現をうながす背景となった。

「戦略空軍方式」とは、基地から発進した大型爆撃機によって、敵国の産業中心地、交通センターを攻撃破壊し、同時に大都市をも無差別爆撃することである。それによって非戦闘員の民間人に大量の死傷者を出させ、敵国民の抗戦意志を崩壊しようとするのである。米空軍は、ドイツや日本をこの考え方に基づいて徹底的に戦略爆撃した。しかし、こうした大型爆撃機による長距離作戦は巨大な損害を伴い、あまりの大損害に一時期作戦が継続できなくなる寸前まで追いつめられることもあった。

そのうえ、この方式は、考えられていたよりもあまり効果を生まなかったようである。実は、ドイツ、日本とも、この戦略爆撃によって国民の抗戦意志が消滅し、かつ軍需生産が崩壊状態に達したという事実がない。ナチス・ドイツが崩壊したのは、結局戦略爆撃によってではなく、連合軍が地上でドイツに東西から進攻して、ベルリンを占領し、ヒトラーが自殺したからである。

日本でも、たしかに戦略爆撃によって都市のほとんどは破壊され、数百万を数える国民が住処を失い、数十万の国民が死亡したが、結局降伏に至ったのは、米軍に沖縄を占領され、大陸の拠点であった満州にソ連軍が兵力を用いて進攻した、その後であった。

英国の有名な物理学者ブラケットは、『戦争・爆弾・恐怖』（一九四七年刊、田中慎次郎訳）という著書を著して、第二次世界大戦の勝利が戦略爆撃によってもたらされたとする当時の軍部指導者の見解を、「戦略爆撃調査団」の資料を使って論破した。日本については、同じ「戦略爆撃調査団」による、戦略爆撃が日本経済に与えた効果を研究した『日本戦争経済の崩壊』（一九四八年刊、正木千冬訳）がある。これによると、日本の場合は、直接的には米海軍の潜水艦作戦と米海軍機動部隊による日本周辺制海権の奪取がついに無条件降伏に追いこんだのであると指摘している。戦略爆撃がもたらす心理的効果は無視できないものであったが、ブラケットによると、米空軍がドイツ本土に対する戦略爆撃を徹底的に強化した一九四四年においても、その年の半ばを過ぎる八月まではナチス・ドイツの軍需生産は増加の一途をたどっていたという。大陸国においては、戦略爆撃は必ずしも決定的効果を持つものではなかったということである。

冷戦の勝敗を決した要因

二十世紀の後半で、世界全体の情勢を左右した「冷戦」の経過を観察すれば、人類にとって最後の武器ともいうべき核兵器の開発競争が米ソ両大国を中心に展開した点が特徴となった。極めて巨大な破壊力を発揮できる核兵器の開発に国力のすべてと言えるほどの軍事費を投入した米ソ両大国は、同時にその破壊力が発揮された場合、両国を含めた全人類の死滅をもたらす恐れを承知して、核兵器の開発に努力する一方、一連の核兵器の制限条約を締結して、不時の事故による偶発的な原因による核戦争を回避しようと努力した。

また、核兵器の開発競争の結果が、「冷戦」の勝敗を決定したわけではない。「冷戦」の勝敗を決したのは、政治体制の本質にかかわるところのものである。つまるところ、東側陣営の政治体制、共産党の一党独裁体制が、本質において戦争体制であり、核兵器とミサイルの進歩によってもたらされた破壊力を使用できないまま、自然に平和が定着する情勢を共産党側が、ついに破壊できなかったのが、平和に適した政治体制である政治の自由化を次第に発揮させる結果を生んだといえる。

こうして、二十世紀最後の大戦争、「冷戦」は終わった。いま世界が直面しているのは、その戦後処理である。核兵器にしても、いま米ロ両国が取り組んでいるのは、保有している核兵器の解体である。その一方、核兵器の開発に参加しようとしている一部の国、例えば中国、インド、パキスタンといった国からの脅威を消滅させるために、米国はＳＤＩ（戦略ミサイル防衛構想）を実現しようとしており、この戦略を実現するのに不利になるとして、一九七二年当時、ソ連と締結した「ＡＢＭ条約」を一方的に廃棄した。この条約は「冷戦」時代に結んだもので、いまや冷戦が終わって米国の勝利が確定した今日廃棄しても、国際情勢に何の影響もないというのが、米国の立場である。これに対して、ロシア側は不満を表明したに止まった。もはや米ロ間の力関係は対等ではなくなったのである。

冷戦の勝敗を決した要因は、政治体制の違いである。と同時に注意しなければならないのは、その背景にあるイデオロギーの対立である。つまり、自由主義がマルクス主義に勝ったという事実を無視してはならない。軍事面では、これまでにも繰り返し述べてきたように、情報入手の自由を保障できない政治体制とその自由を保障できる体制との競争で、前者は後者に完敗したのである。軍事思想の面でも、自由主義のもとではどういう考え、思想であっても、何の制約も受けることなく、自由に発言できるのに対し、共産党の一党独裁体制のもとにあっては、その時々の政治路線によってすべての言論が規制される。旧ソ連時代にあっては、思想に対する規制の強弱がすべてを決定していた。

クラウゼヴィッツの『戦争論』のような典型的な古典であっても、この原則の適用を免れない。政治の自由がない国では、どのような古典でもそのときの党の決定に無条件に服従を求められる。そこには、一切例外はない。旧ソ連での軍事思想の原点と言うべき『戦争論』の評価でも、絶えず動揺の跡が認められるのも、その時々の最高指導者の選んだ基本路線によって、決定された原則がすべてを左右しているためなのである。

旧ソ連はなぜ「戦略核兵器」の開発をしたか

ところで、第二次世界大戦で格別に大きな寄与をしなかったにもかかわらず、「戦略空軍主義」がその後米国の国防体制の基本にすえられたが、旧ソ連もこれに見習って「戦略核兵器」の開発に全力をあげたというのは、いったいどういうわけであろうか。

第二次世界大戦で、ソ連は戦争に勝った。だが、その勝利は莫大な人命を犠牲にして得たものであり、戦勝と払った犠牲の大きさを比較したとき、果たして合理的な選択だったかどうかは大いに疑問である。だが、当時ソ連を支配していた独裁者、スターリンにこういう疑問を提示した人物は一人もいない。第二次世界大戦で、米国、英国の西側連合国は「戦略爆撃」を大々的に採用し、ドイツ本土を徹底的に破壊するため、大量の大型爆撃機を投入した。その努力が果たしてこの戦略を採用した政治家たちの主張を裏付ける成果をもたらしたかどうかについて、前述のように英国の物理学者、ブラケットの分析によれば、あれほど大規模な戦略爆撃を受けながら、ドイツの軍需生産はまったく低下しておらず、むしろ増加し続けたという。

こういう分析があっても、スターリンはあえて核兵器の開発競争に参加しただけでなく、その運搬手段である戦略爆撃機の開発に大きい努力を傾けた。その理由は今日に至ってもまったく解明されたことがない。おそらくスターリンは、同じ戦勝国である以上、米国が持つのと同じ兵器を保有して当然と考えたのかもしれない。また、せっかく開発に努力しても、核兵器の運搬手段がなければ使用できないから、当時のソ連の国力では極めて困難と承知のうえで、戦略爆撃機の開発を開始したのかもしれない。幸い一九六〇年代に入って、宇宙開発を兼ねたロケットの開発が本格化し、第二次世界大戦直後大量に捕獲したドイツ人ロケット技術者を駆使して、戦時中にドイツが開発したロケット技術をさらに発展させる見通しが立ち、大型爆撃機の開発努力を放棄できた。こうして、ソ連の戦略爆撃方式への転換は中断され、米国との新式戦略ロケットの開発競争が、冷戦遂行で有利な地位を獲得するうえで、決定的な役割を演ずることになり、一時期米国を追い抜くことに成功した。だが、この優位も長期間持続できず、七〇年代に入ってベトナム戦争に米国が失敗して、一時期その威信が大きく失われたものの、共産圏自体にも各地で紛争が発生しただけでなく、最大、かつ最重要な同盟国、中国とのあいだに深刻な対立が発生してその処理が不可能となった。これで米国は立ち直っただけでなく、一挙に巻き返しに出、共産圏が一枚岩の団結を誇れない事態が表面化し、冷戦遂行に極めて大きい打撃となった。その後の情勢は、一方的な劣勢を東側が蒙ることになり、九〇年代に入ってさらに厳しい情勢が連続して、ついに冷戦に敗北したのである。

この間にソ連で国防政策についての議論はまったくない。とくに一九七九年当時の最高責任者だったブレジネフが、アフガニスタン出兵を決定した際に、どういう議論があったか、その間の事情は一切公開されていない。この出兵がいかに大きい犠牲をソ連に課したか、この出兵の失敗がソ連の社会に与えた打撃がいかに大きかったか、ある意味では冷戦にソ連が敗北した原因の多くは、この出兵の失敗にあるとの議論すらあるのに、いまに至るまでその決定の真相はまったく解明されていない。

この時期のソ連では、軍事問題に限らずすべての問題に対する真面目な議論はまったくない。あるのは、党の指導者に対する美辞麗句のみ。ソ連の報道機関が流す報道は、まったくの無味乾燥、およそ読むに値する内容は、影も形も見られない。一般のソ連人は自分の将来にまったく希望がないため、絶望して酒を飲む。その結果アルコール中毒患者が急増して、年間にアルコール中毒で死亡する人数は八十万人を越えた。ブレジネフの死去した後、アンドロポフの政権は短命で終わり、ついに一九八五年、若い指導者、ゴルバチョフが最高責任者の地位についた。だが、この時点でソ連は米国と対等の軍事力を保有して、冷戦を遂行できる状態になかった。就任直後、米国のレーガン大統領とのマルタ島での米ソ首脳会談に臨んだゴルバチョフは、レーガンが進めようとしている「ＳＤＩ」構想に対抗できないと判断せざるを得ず、結論としてこれ以上冷戦を続けるのは不可能と判断した。帰国後彼は、ソ連の改革に全力を投入した。いわゆる「ペレストロイカ」「グラスノスチ」、いずれも共産党の一党独裁体制のもとで、完全に失われた自由の一部でも回復させようとする努力の一環だった。彼の努力は、ついに失敗してソ連共産党の独裁体制は崩壊してしまった。

「軍事理論」においても、それが軍隊そのものの運用を研究するという本来の目的を忘れて、無意味な「核軍拡競争」の理論的支柱を作り上げ、その合理化のための隠れみのにしかならないとすれば、もはや有効性を失ったと言えなくはない。「軍事理論」も、「核兵器」をその枠内に導入しようとすれば、自己矛盾に陥らざるを得ないのである。

「核戦争」は、もはや、政治目的に直結した本来の戦争を否定する役割しか果たしていない。ここにおいては、「軍事理論」も堕落し、自己崩壊を免れることはできない。

第三節　植民地解放闘争の教訓

クラウゼヴィッツの言う「国民戦争」

　またスペイン国民は、なるほど個々の軍事的行動においては幾多の弱点と手ぬかりとを免れ得なかったにせよ、しかしその執拗《しつよう》な闘争において国民総武装と侵略者に対する叛乱という手段とを用いれば、全体として絶大な能力を発揮し得ることを実証した。またロシアは一八一二年の戦役で次のことを教えた、即ち――第一は、広大な面積を有する国は攻略し難い、ということである（侵入者は、このことを戦争開始前に予め知っていた筈である）。また第二は、被侵略国はたとえ会戦に敗れ、主要都市や地方の州県を多く失ったとしても、それと共に勝算をも失うものではない（以前は、これらの物を失えば万事休すというのが、外交官にとって否定し難い原則であった、それだからかかる場合には、差当って不利な講和にも直ちに応じたのである）、もし敵の攻撃力が既に用い尽されていれば、それまで自国内で圧迫されていた軍は俄《にわ》かに勢いを盛り返し、絶大な力を揮《ふる》って守勢から攻勢に移転し得る、ということである。更にまた一八一三年にプロイセンは、危急に際して国の総力を結集すれば、民兵によって軍の常時の兵力を六倍にも増大し得るし、そのうえこれらの民兵は国内のみならず国外の戦闘においても使用され得ることを証示した。すべてこれらの事例は国家の諸力、戦争遂行に必要な諸力および戦闘力を担うものは、実に国民の勇気と志操とにほかならぬことを余蘊《ようん》なく示しているのである。（上・三三九頁）

クラウゼヴィッツの言う「国民戦争」とは、主としてスペイン、チロールで展開したナポレオンに対する抵抗闘争を指す。その後、インドでの解放闘争、例えば、一八五七年の有名な「セポイの反乱」があり、英国軍を数次にわたって撃退して独立を守り抜いたアフガニスタンも、「国民戦争」を主要な手段とした。

二十世紀に入って、植民地解放闘争は次第に活発化し、第二次世界大戦前においても日本の侵略に対して戦った韓国人、中国人の「国民戦争」は、世界の関心を集めたのである。第二次世界大戦中、欧州ではドイツの占領に反抗する闘争が、アジアでは中国をはじめとする大規模な「国民戦争」が展開した。戦後は、植民地の独立闘争がいよいよ本格化し、アジア、アフリカではほとんどの植民地が独立を達成した。

このように、クラウゼヴィッツの天才をもってしても予測できなかった世界的な規模での「国民戦争」が展開したのである。さて、彼の言う「国民戦争」を可能にする条件とは、次に引用するとおりである。

国民戦を有効ならしめる主要条件は、次のようなものである、即ち
一、戦争が防御者の国内で行われること、
二、戦争が、防御者側におけるただ一回の破局によって決定されるものでないこと、
三、戦場が広大な面積を占めていること、
四、国民の性格が、国民戦という手段を支持すること、
五、防御者の国土が、地形的に断絶地に富み、接近が困難なこと。なおこのような地形は山地、森林地或は沼沢地によって形成されることもあれば、また耕作の性質によって生じることもある。(下・六八―九頁)

植民地体制の世界的崩壊

第二次世界大戦後の際立った特徴は、クラウゼヴィッツが言及しているような十八世紀に始まった欧州諸国による「植民地体制」が世界的に崩壊したことである。「植民地体制」の崩壊

はいろいろな形態で進んだ。一つは、英国のインド撤退（一九四九年）のように、旧宗主国が自発的に「植民地体制」を放棄し、独立を認めるやり方であり、もう一つは、ベトナム、インドネシアをはじめ、さらにアフリカ諸国でも見られたように、旧宗主国に対して植民地の民衆が武力を行使し、ついに政治的に「植民地体制」の維持をあきらめさせた方式である。

後者の典型は、例えばベトナム、アルジェリアにおけるフランス、インドネシアにおけるオランダ、アンゴラ、モザンビークにおけるポルトガルの例である。いずれも、数十年にわたって「植民地体制」のもとに置かれてきたが、自主独立を求めて自ら武装し、「植民地体制」を維持しようとする宗主国の軍隊と武力抗争を展開した点に特徴がある。

植民地体制崩壊の原動力

こうした「植民地解放戦争」においては、いずれも最初の段階では、旧宗主国が圧倒的に優勢な武力を保有している。しかし、軍事的には優位を保つものの、政治的には旧宗主国は極めて不利な立場に立たされるようになる。つまり、旧宗主国の軍事力を支える本国の民衆が無意味な「植民地戦争」に強く反対し、「植民地体制」を放棄せざるを得ない政治情勢が生まれる。

異民族から政治的独立を奪い、経済的な搾取を強行するという「植民地体制」は、人類の歴史のうえから見ても明らかに不合理なものである。「植民地体制」は、植民地とされた異民族にとっての桎梏であると同時に、宗主国にとっても、この不合理な体制を維持するためのコストは、その経済発展の大きなマイナスになる。すなわち、「植民地体制」を維持する経費は、植民地からあがる収益だけで賄えないのである。植民地における軍事費の負担を過重なものにするだけだという反省が、「植民地体制」を崩壊させる最も大きな原動力になった。

第二次世界大戦の後、多くの植民地が一斉に独立の歩みを始める。その大きな理由は、植民地を支配してきた先進国が戦争によって、経済的にも、政治的にも、大打撃を受け、植民地で本格的に始まった独立運動を抑圧する力を失ったためである。フランス、オランダのような国は、戦争中にアジアの植民地を日本軍に占領され、戦後日本軍から引き継いだ占領体制を守り続けるのに必要な軍事力を送り込む力がなく、いやでも独立を承認するしかなかった。さらに、インドのような大規模な植民地では統治権を持っていた英国は、全土の治安を確保するのに必要な軍事力を保有しておらず、他の植民地、例えばパレスチナを保有するのと比較して、どちらかを選択せざるを得なくなったとき、戦略的により重要な地位にあると判断させられたスエズ運河の保有を優先したという。

フランス、英国の場合

フランスの場合を見てみよう。アルジェリア戦争で、フランス軍は軍事的な優位を最後まで保持することに成功したが、その一方では戦費の負担が、フランス経済を弱体化させ、ひどいインフレに陥った。第二次世界大戦で被った戦争の被害から立ち直るために、膨大な投資を必要としていたにもかかわらず、その源資があげてベトナム、アルジェリアの戦争につぎこまれたとすれば、フランス経済が崩壊の淵に立たされても不思議はない。さらにフランスは、欧州の大国として、英国と並んでソ連の強大な軍事力に対抗する必要にせまられ、「核兵器」の開発にも努力を必要とした。

こうした二重、三重の負担に、脆弱《ぜいじゃく》なフランス経済が耐えられなくなることは明らかであった。その結果、一九五四年、フランスはまずベトナムを放棄し、次いで一九五八年、第四共和制に終止符をうつ。クーデターによってド・ゴールが出現し、アルジェリアを放棄するのである。

英国は、フランスとは逆に第二次世界大戦直後、インド、ビルマ（現ミャンマー）、セイロン（現スリランカ）、マレーシア、シンガポールという一連の植民地を、自主的に放棄した。したがって、ほとんど現地の諸民族とのあいだに武力戦争を引き起こすことはなかった。第二次世界大戦による国力の損耗を自覚した英国人が、「植民地体制」を維持するためのコスト負担があまりにも大きく、これ以上は無理だと、冷静な判断をしたのである。だが、その英国も、アフリカの植民地については、例えばケニア、タンザニアのように、やはり「武力紛争」

なしには簡単に植民地を放棄する決意がつかなかったのであり、一概に英国とフランスの行動の差を国民性の違いとして論ずることはできないだろう。英国は、現在でもカリブ海諸島、さらにセント・ヘレナなど、世界各地に小規模な植民地を残している。

だが、英国がこのように自主的に植民地を放棄したということは、英国がかつての「大英帝国」という強国の地位から、いまやEU内の一国として縮小していく方向に自らを改革するだけの柔軟な発想をとり得たことを示している。

フランスも、まだすべての植民地を解放したわけではない。太平洋にも、また小規模ではあるがカリブ海にも、いくつかの植民地を残している。しかしそれは、もはや世界の大勢を左右するものではない。

「聖域」確保の重要性

ここでは、こうした植民地解放の歴史を扱おうとしているのではない。問題は、植民地解放闘争における武力紛争とその性格である。

先にあげたように、ベトナム、アルジェリアで、フランス軍は現地の民族と長年にわたって「武力紛争」を経験した。フランス軍に対抗する現地民族の武装部隊は、最初は軍事的にほとんど意味のない弱小のものであった。しかし、現地民族の徹底した支援のもとに、ゲリラ戦術を編み出した彼らは、フランス軍を翻弄《ほんろう》するようになる。

ゲリラ闘争に勝利するためには、少なくとも三つの条件が必要である。第一に、政治的な合理性、すなわち現地民族の独立への強い願望があること、第二に、強大な指導組織があること、第三に、軍事的・政治的に、解放勢力が安全に存在し得る、あるいはその存在を許容する「聖域」が隣接国に存在すること、である。

第一、第二の条件については、ほとんど問題はあるまい。第三の条件は、軍事的に極めて重要なことである。例えばベトナムの場合を見てみよう。当時、フランス軍に攻撃され、追撃を受けたベトナム軍（ベトミン）は、隣接する中国領に逃げ込むことが可能であった。フランス軍が中国領に進攻するには、フランス一国の決意だけでは不十分であり、米国、英国など西側同盟国との完全な意見の一致を必要とする。もしフランス軍が中国領にベトミン軍を追撃して進入すれば、そこに中国軍の直接介入を引き起こす恐れが十分にあり、しかもその中国軍を阻止するための軍事力は、フランス一国だけでは無理で、米国、英国の全面支援を必要とした。しかしそこに西側諸国の政治的な利害の対立が働いて、ついにフランス軍は一度たりともベトミン軍を追撃して中国領内に進入することは許されなかった。

つまり、ホー・チミンの指導するベトミン軍は、中国領内にフランス軍の手の及ばない「聖域」を確保することができたのである。フランス軍と正面から衝突して、これを圧倒するだけの戦力を持たないベトミン軍としては、中国領に「聖域」を確保し得るかどうかが、それこそ存立の基盤にかかわる致命的な問題であったのである。

同じ東南アジアであるが、マレーシアにおけるMCP（マレーシア共産党）の指導するゲリラ闘争の場合は、こうした「聖域」を持つことがなかった。一九四〇年代、すなわち第二次世界大戦終結直後から始まったMCPによるゲリラ闘争は、圧倒的な英国正規軍の投入と同時に、「聖域」の欠如が致命的な打撃を生み、ついに一九五〇年代半ばにはMCPそれ自体が壊滅するという事態に追いこまれたのである。

軍事的に見れば、いずれの民族解放闘争も成功するという保証はどこにもない。先にあげた三つの要件を完全に備えた場合に限られるのである。

大義名分だけでは勝てない

一九六〇年代に始まった米軍によるベトナム戦争にも同じことが言える。一九五四年に成立した北ベトナムは、停戦ラインをはさんで対立する南ベトナムに米軍が侵入してくるにつれて、ラオス、カンボジアを自らの「聖域」として徹底的に活用した。さらに、中国、ソ連からの近代兵器の供与は、一九七三年における米軍のベトナム撤退をもたらす決定的な要因であった。

今日、このことをとくに軍事的に見た場合、圧倒的な武力を誇る旧宗主国の軍隊の手の及ばないところに安全な「聖域」を確保するとともに、米国に対抗して政治的に「民族解放闘争」を支援する体制にあるソ連、中国からの補給を確保することなしには、容易に「民族解放闘争」は存続し得なかったのである。

民族解放闘争は、「民族独立」という大義名分があるがゆえに、簡単にいつでも成功し得るという考え方が日本には定着しているが、決してそう簡単にはいかないのである。いくら政治的に明確な大義名分を持つ「武力紛争」であっても、それが成功するにはそれなりのはっきりした条件が必要なのである。いわば一つの「営み」であることを、日本人はとかく見落としがちである。

毛沢東の軍事思想

民族解放闘争の軍事理論としては、「毛沢東軍事思想」が有名である。強大な軍隊に対抗するためには、「魚が水の中を泳ぐように」ゲリラ部隊が自由自在に動き回れることが前提である。「武力闘争」の勝利のためには、戦術的には機動戦、戦略的には内戦作戦が必要であり、さらに政治的な基盤を確立することが緊要である。具体的には、中国の場合は、地主からその所有地を武力で奪取し、貧農に配分するという土地革命方式が、中国革命を成功に導く唯一の政策であるという、極めて明快かつ合理的な発想である。これがついに中国革命を軍事的に成功させたのである。

社会革命を実現するためには、政治目的を明確にするだけではいけない。それを遂行し指導する体制を整備する一方で、武力闘争を最後の手段として極力避けようとする慎重な姿勢が必要であろう。逆に言えば、国民のあいだに強い政治的不満を発生させないようにきめの細かい政治がなされており、権力者の自浄作用があり、国民の生活水準を向上させる経済成長が可能な国においては、社会革命はほとんど存立する余地がないとも言えよう。

ベトナム戦争の教訓

やがて、一九七〇年代にいたって、このような民族解放闘争はほぼ一段落したように見える。しかし、武力による「民族解放闘争」は、そのまま米ソの対決の様相を呈するようになる。先にあげた第二次ベトナム戦争はまさしくそれである。しかし、このときも米軍は、トンキン湾に向かうソ連、中国からの軍事物資の補給輸送を、ついに自らの武力で阻止することはできなかった。それは、全面的な「核戦争」の勃発を懸念するためであった。もし、補給輸送の遮断を行ったとしても、当時の米軍には陸続きである中国経由の補給輸送を阻止する手段はなく、かつ中国と全面戦争をあえてしてまで、ベトナムを維持しなければならないとする政治的決断がなされていなかった。

この政治目的の不明確さが、ついに米国民をしてベトナム放棄を決意させたのである。キッシンジャーの忍者外交によって、一九七三年、米軍はベトナムから撤収する。米国は歴史始まって以来の大敗北を喫することになったのである。

この経験は米国にとってだけではない、世界の軍事界に大きな衝撃を与えた。世界最強の軍事力を持つ米軍がついに自らベトナムを放棄し、撤収せざるを得なかったという事実は、軍事力の強弱だけで戦争は決まらないという衝撃的な教訓を残したのである。

政治家の不徹底がもたらす混乱

だがこれも、『戦争論』の本質と密接不可分の関係にある。すなわち、米国が敗北したのは、ベトナムに対する明確な政治目的をついに認識することができなかったからである。敗北は、当時の米国の政治指導者であるケネディ大統領が、言わば不用意に武力行使を決意した帰結である。

ケネディは米軍をベトナムに投入する必要など最初からなかったのである。それほどベトナムの情勢が緊迫していたと思われないにもかかわらず、ケネディは最初は軍事顧問団、次いで海兵隊をベトナムに投入する決断をくだした。しかし、ベトナムを支援する中国との対決については、ケネディは政治的決断力を持たなかったのである。その中途半端さが、米国に敗北という深刻な結果をもたらしたのである。

「核兵器」使用を阻止するもの

植民地解放戦争においては、例外なく「核兵器」を必要としない。核兵器を保有する宗主国側は、「核兵器」の使用が「植民地体制」そのものに回復しがたい打撃を与えることを知っているからである。植民地を植民地として維持するには、何よりも植民地の住民を残さねばならない。植民地の住民全員を皆殺しにすれば、そこはもはや植民地ではないのである。これが何よりも「核兵器」の使用を拒否する客観的条件である。「植民地解放戦争」が第二次世界大戦後の戦争の主要な内容を構成している限り、「核兵器」使用不能の原則は維持されるであろうし、またこの原則は、おそらく他のすべての戦争についてもあてはまるのである。

終章　『戦争論』の役割は終わった

世界は新しい時代を迎えた

繰り返すが、二十一世紀は前世紀と異なり、世界を二分する大規模な戦争のない時代である。ということは、二十世紀まで国際問題を考える際にまず重視しなければならなかった軍事情勢に対する判断は、もはや必要がなくなったということでもある。生涯の課題として「軍事問題」の研究に取り組んできた著者にとって、その役割がいよいよ終わりを迎える時期が来たようである。二〇〇一年九月十一日の同時多発テロとともに、世界は新しい時代を迎えた。それは、米国の保有する世界一の強大な軍事力が二十一世紀の世界秩序を安定させる要素である限り、それに対抗して勝利を収める自信のある政治家も、国家も存在しない時期が、これから数十年間続くに違いないからである。

二十一世紀の世界には、米国を中心とする国際秩序に挑戦する路線を選ぶ国は、存在できない。またこうした野心を抱いて、活動しようとする勢力は、国際的な犯罪組織として徹底的に弾圧される。それも、世界のすべての国が協力してこうした勢力の摘発を展開するから、彼らの隠れ場所は地球上どこにも存在しない。また彼らを支援する勢力、例えば国際的な組織を有する勢力、マフィアなども同じく徹底した弾圧の対象とされるから、二十一世紀の世界は前世紀の世界と比較しても、驚くほど秩序の確立した情勢を迎えることになる。

犯罪組織の消滅へ

今度の同時多発テロの発生とともに、米国を中心に国際社会では徹底した犯罪対策を導入しないと、国際的な活動を展開しているテロ組織を徹底的に摘発できないとの認識が定着した。この目的を達成するためには、一時、また一部市民的な権利の制限もやむを得ないとの判断が強まり、この路線に沿って世界の主要国が一斉に国内法の改正を含め、制度の改革に踏み出した。例えば、欧州諸国を中心に諜報機関、警察当局との連携方式が確立した。米国の捜査当局から要請があれば、直ちに自国内で徹底した捜査を実施して、身柄を確保するや否や、米国に引き渡す。

同時に資金面での対策として、いわゆる「マネーロンダリング」を防止するための徹底した措置が導入された。それも、いわゆる銀行の番号口座のチェックに止まらず、証券業者、商品取引業者、はては高額骨とう品の取引にまで、チェックの手が広がっている。その結果、これまで何の規制もなかった英国の両替屋が、全員登録義務を負うことになるなど、その徹底ぶりは部外者の想像をはるかに越えるものになっている。

また、米国に刃向かう勢力の存在は絶対に許容されない原則が、いかに大きい圧力となるかは、同時多発テロの発生した当日、パキスタンに対して米国が行使した圧力のすさまじさを見ればよい。自ら生み、育てたアフガニスタンの支配勢力、タリバンは一瞬のうちに切り捨てられただけでなく、パキスタンからの燃料と食糧の供給は全面的に停止された。その結果、タリバンはまったく燃料の入手ができないまま、北部同盟軍の攻撃を受け、極めて短期間に全土の支配権を失った。このいきさつを一見しただけで、いかに強い圧力を米国が行使したかが、理解できるだろう。こうして、タリバンとその庇護《ひご》を受けてきた国際犯罪者集団、アルカイダは全滅の運命を迎えることになった。

これとともに、世界最強の軍事力を保有する米国の国際社会に占める役割が、劇的に高まり、もはや世界のどの国でも、米国を中心とする国際社会の秩序のなかに自分自身を組み入れ、その秩序に対し挑戦しようとする勢力の存在は、即犯罪者としての扱いを受けるという原則に服従することになった。これは、そのまま米国の一国支配体制と言い換えることも可能である。こうした体制ができあがったのは、世界を支配しようという米国の陰謀が成功したためではない。二十世紀に発生した三度の大戦争に米国が勝利し、とくに最後の冷戦に完勝した結果なのである。これからの時代においては、戦争を仕掛けること自体が国際社会では、そのまま犯罪行為と見なされる時代を迎えたのである。

長期化する米国の一極支配

二十一世紀に入って、経済の面では世界全体の経済活動が単一の世界市場に組み込まれる形で、急速に経済の国際化が促進され、そこに基礎を置いた国際秩序を維持することがそのまま世界全体の利益を守るという認識が、世界全体に定着する。したがって、世界全体に共通した認識として、米国の一極支配体制を堅持しないと、経済全体に重大な支障が生ずるという発想が、定着するだけでなく、その秩序を守るのは国際的な義務との考えが、地球的規模で世界のすべての国の指導者を支配するだろう。

二〇〇一年の同時多発テロの経験が示した原則は、もはや米国の支配体制に挑戦できる国も、勢力も存在しないというだけでなく、米国の指示に服従しない国は地球上に存在できないことを明示したのである。

また、米国の一極支配体制を維持するために、多くの複雑なシステムが案出され、すでにその機能を発揮する段階になった。「アルカイダ」に属するというだけで、米国の警察当局に限らず、世界全体の警察と諜報機関の追跡を受けることになった。彼らには、地球上どこにも安全な隠れ場所は一切存在しない。彼らがテロ活動のために必要とする資金も、いわゆるマネーロンダリングを徹底的に阻止する体制がすでに完成した。彼らに資金面での支援を提供してきた国際犯罪者組織は、世界全体の警察当局と諜報機関の協力が力を増すにつれ、活動が著しく制約され始めた。アルカイダの支配していたアフガニスタンが世界全体の阿片供給の七〇パーセントを占めていた。その供給ルートの中心となっていたパキスタンの阿片相場はテロ発生以前のキロ七百ドルから、十分の一の七十ドルに暴落した。アフガニスタンから密輸出される阿片は、パキスタンの阿片商人にとっても、取引するには危険過ぎる商品となったのである。

こういう情勢は、ここ当分続く。米国の一極支配体制は世界経済全体が単一の市場に統合される動きが強まるにつれ、その中心となっている米国を中心とする市場の機能を維持する努力に世界全体の支持が集まるのは、極めて自然な流れとなるのは言うまでもない。

こうして、世界全体から戦争の影が急速に薄れてくる。この安定した国際的な秩序を崩壊させなければならないと誰もが考える時期は、ここ少なくとも数十年にわたって、生ずる可能性は見当たらない。その間は世界全体に平和が定着するのは疑問の余地はなく、したがって戦争の脅威が発生する情勢はあり得ない。その期間は戦争論を大きく取り上げる必要はない。二十一世紀の世界は、二十世紀までの世界とはその体制にあまりに大きい変貌を示したのである。二十戦争が世界情勢の基調となる時代とその逆に平和が長期にわたって定着する時代では、一般の常識も一変する。戦争の発生が不可避である時代の常識が、平和の長期にわたる定着を前提にしなければならない時代には、まったく通じないと認識しなければならない。

軍事理論でも同じである。その古典とされる『戦争論』の場合も、その評価が変化して当然なのである。この意味では、長いあいだ軍事学界で古典として評価されてきたクラウゼヴィッツの『戦争論』も、その役割を終わってその地位を去らなければならない時期を迎えたのかもしれない。

人類にとって、戦争は決して好ましい事件ではない。人類は戦争という荒ぶる仕事を好んで選んだのではない。多くの戦争は、政治の失敗の産物である。とくに、二十世紀に人類は三度にわたって、かつてない被害を人類に与えた大戦争を経験した。その経験に学んだ人類が、いまようやく世界に安定した秩序を作ることに成功したのである。こうして、人類は初めて「戦争」のない世界を経験しようとしている。

いま日本は、自分自身が選んだ平和国家の路線が、人類全体にとって新しい時代を先取りしたシステムとして、提示できるメリットを主張できる立場にある。もちろん、こうした主張を裏付けるものとして、自由世界に挑戦して、その秩序を破壊しようとするものが現われたときは、他の国に先駆けてこうした犯罪活動を阻止する努力が求められる。この意味では、日米安保の持つ意義が大きくなる。いまの時代では、いよいよ戦争の発生が抑えられる可能性が、日に日に大きくなる動きが強まることになった。世界はまったく新しい時代に入りつつある。『戦争論』もこうした観点から読み直すべきなのである。

著者略歴

長谷川慶太郎（はせがわ・けいたろう）
1927年京都府生まれ。大阪大学工学部卒業。業界紙記者、証券アナリストを経て、現在国際エコノミストとしてメディア全般にわたり活躍。経済メカニズムの本質をつかみ、世界の構造的転換を鋭く分析してきた。軍事問題の専門家としても知られる。著書に『世界が日本を見倣う日』（第3回石橋湛山賞）、『これまでの百年　これからの百年【増補改訂版】』、『日本はこう変わる』、『「超」価格破壊の時代』、『大分水嶺』、『21世紀が見えた』ほか多数がある。

平和ボケした日本人のための戦争論

2014年6月10日　第1刷発行
2014年6月22日　第2刷発行

著　者　　長谷川慶太郎
発行者　　唐津 隆
発行所　　株式会社ビジネス社
〒162-0805　東京都新宿区矢来町114番地 神楽坂高橋ビル5階
電話　03(5227)1602　FAX　03(5227)1603
http://www.business-sha.co.jp

印刷・製本　大日本印刷株式会社　〈撮影〉外川孝
〈カバーデザイン〉上田晃郷　〈本文組版〉朝日メディアインターナショナル株式会社
〈編集担当〉内田裕子　〈営業担当〉山口健志

ISBN978-4-8284-1754-7

ビジネス社の本

東京オリンピックまでに株で1億円儲ける！

定価　本体1400円＋税
ISBN978-4-8284-1748-6

二階堂重人……著

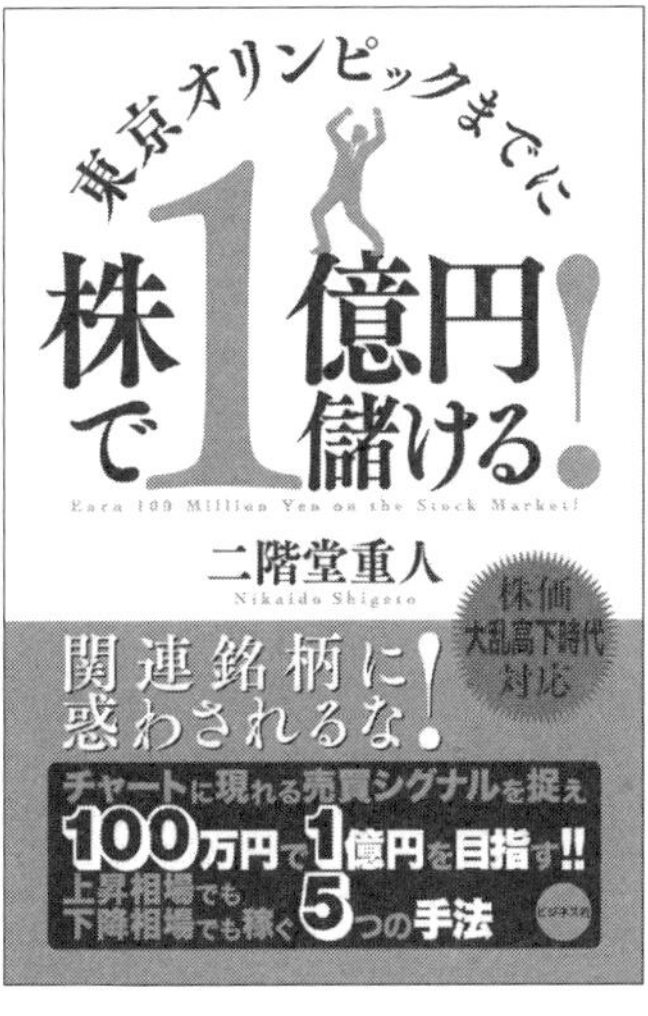

元手100万円から始めて、目指せ6年で1億円！

【大乱高下時代対応、関連銘柄にだまされるな】

7年後の東京オリンピックまでに、100万円の資金を使って株で1億円儲ける！そのために必要な投資スタンスと運用方法を、14年間勝ち続けている現役トレーダー（個人投資家）がアドバイス。

本書の内容

第1章　100万円で1億円を儲けるための条件
第2章　上昇相場はスイングトレード手法で儲ける！
第3章　デイトレード手法で毎日儲ける！
第4章　下降相場もカラ売り手法で儲ける！